Einstein,
un siècle contre lui

Alexandre MOATTI

Einstein,
un siècle contre lui

© ODILE JACOB, OCTOBRE 2007
15, RUE SOUFFLOT, 75005 PARIS

www.odilejacob.fr

ISBN : 978-2-7381-9118-2

Quand j'étais jeune, je me suis aperçu que
mes gros orteils finissaient toujours
par trouer mes chaussettes,
alors j'ai cessé d'en porter.

Albert Einstein,
au photographe Philippe Halsman,
(dans *Einstein. Le livre du centenaire*)

Einstein,
l'homme du XXe siècle

I

Fin 1999, sur la couverture du *Time Magazine* consacrée non à l'homme de l'année, mais à l'homme du siècle, apparaît Albert Einstein. Le choix aurait pu se porter sur un homme politique ou un artiste, mais il eût sans doute été plus difficile. L'apport d'Einstein à la science – et à la civilisation – est, lui, *unique*. À l'origine des deux révolutions de la science du début du XXe siècle, la relativité et la mécanique quantique, il révolutionne *aussi* la manière de faire de la science et de la concevoir. Après Einstein, la science devient plus complexe et spécialisée ; elle ne pourra plus être pratiquée par le physicien ou appréhendée par l'honnête homme comme elle l'était avant.

De fait, la *nouvelle* physique, théorie de la relativité ou mécanique quantique, échappe à partir de 1905 à la compréhension commune. Comme souvent en science où rien n'arrive *ex nihilo*, les germes de ces révolutions scientifiques existaient déjà depuis 1865, date de la théorie unifiée de l'électromagnétisme de Maxwell ; mais, après une période de latence de quarante ans, c'est véritablement Einstein qui en 1905 met le feu aux poudres de ces deux révolutions scientifiques, et ouvre l'ère d'une nouvelle pratique de la science.

*
* *

La théorie de la relativité conduira – fait sans précédent dans l'histoire de la science et de la connaissance – à la fois à un phénomène d'engouement parfois inconsidéré et à un phénomène d'incompréhension et de rejet d'une rare violence. Ils seront tous deux amplifiés par la personnalité d'Einstein, vénéré par les uns, voué aux gémonies par d'autres. Ils apparaissent dans les années 1919-1922, au moment de la première vérification de la relativité générale, lors de l'éclipse de soleil de mai 1919. La presse grand public s'empare de l'événement, ce qui donnera immédiatement une célébrité mondiale à Einstein. Il reçoit en octobre 1922 le prix Nobel de physique pour l'année 1921. Cette période 1919-1922 correspond aussi – ce qui est plus rarement souligné – à une évolution des centres d'intérêt d'Einstein (et sans doute aussi de sa personnalité) à partir de 1920, la quarantaine advenue.

Le phénomène d'engouement, comme tout phénomène de mode, retombe rapidement après 1922 dans le grand public. Chez les scientifiques, il suit l'histoire de la relativité, qui n'est pas un long fleuve tranquille : en effet, de 1925 à 1960, la relativité est à « l'étiage[1] », les physiciens lui préféreront la mécanique quantique, riche de confirmations expérimentales successives. Einstein lui-même – et c'est une composante importante de son évolution – ne contribue plus beaucoup à la relativité. Il faut attendre 1960, cinq ans après sa mort, pour qu'ait lieu de manière indiscutable le troisième test de la relativité générale (expérience de Pound et Rebka sur le décalage des fréquences lumineuses), permis par l'évolution de la science et des matériels de laboratoire. La conquête de l'espace, commencée en 1957, donnera par la suite à la relativité générale d'autres confirmations éclatantes. Pratiquée par une nouvelle génération de physiciens, la relativité prend alors totalement sa place dans la science en général, et dans l'astrophysique en particulier.

____

1. Selon l'expression du physicien et historien des sciences Jean Eisenstaedt, bibliographie [64a].

Le phénomène d'incompréhension et de rejet, allant parfois jusqu'à la haine, est, lui, plus tenace. C'est ce phénomène-là auquel nous consacrons le présent ouvrage, sa violence chez un certain nombre de scientifiques sur la période 1919-1922, dans le contexte particulier de la vieille Europe ruinée par la Première Guerre mondiale, en France et en Allemagne notamment –, son exploitation à des fins politiques entre 1933 et 1945 par le régime nazi au pouvoir en Allemagne –, sa rémanence dans les années 2000, à l'occasion de l'Année mondiale de la physique[1] notamment, sous la forme de ce que nous qualifions de révisionnisme scientifique ou d'« alterscience ».

Car une des caractéristiques de ce phénomène d'incompréhension et de rejet est de s'être moulé dans les grands conflits et querelles d'idées du XXe siècle. Tel le serpent de mer des haines tenaces – et l'antisémitisme en est aussi un exemple – ce qu'on peut appeler l'antirelativisme revient de manière récurrente au cours du siècle, ramené par les vagues déferlantes de ces conflits, que ce soient guerres meurtrières ou violents débats d'idées, les uns n'étant jamais loin des autres. On retrouve Einstein et la relativité dans les controverses entre intellectuels français et allemands en 1915 pendant la Première Guerre mondiale ; en France, entre 1920 et 1922, à travers le vieil antisémitisme français qui s'exprime, quinze ans après la fin de l'affaire Dreyfus et vingt ans avant Vichy ; en Allemagne, entre 1920 et 1945, dans la montée en puissance du parti nazi et son exercice du pouvoir ; de nos jours au gré des courants de l'alterscience.

*
* *

En quoi l'approche qu'a Einstein avec ses deux principaux articles de 1905 révolutionne-t-elle non seulement la science elle-même, mais aussi la manière de faire de la science et de l'appréhender ?

---

1. L'année 2005 a été déclarée Année mondiale de la physique par l'ONU et l'Unesco, en commémoration du centenaire des travaux d'Einstein de 1905.

Elle vient d'abord rappeler à tous, et en premier lieu aux physiciens, que *la physique est,* partiellement au moins, *un savoir substitutif,* au sens où une théorie physique peut en remplacer une autre. Les mathématiques étaient et resteront un savoir cumulatif : ce qui est démontré en mathématiques devient une vérité établie et ne peut plus être remis en cause. Certes, le théorème de Gödel en 1931 vient apporter une certaine limite à l'accumulation du savoir mathématique, en exprimant le fait que toutes les assertions mathématiques ne peuvent pas forcément être démontrées dans un cadre donné. Mais, en 1900, la démarche du mathématicien David Hilbert est caractéristique du savoir cumulatif : il fixe vingt-trois problèmes d'envergure qui doivent être démontrés, pensant à l'époque que les mathématiques seraient « achevées » après la résolution de ces problèmes. En 1900, le corps lettré n'est pas loin de penser que la physique est elle aussi un savoir cumulatif. Certes, il y avait eu une première révolution, la révolution copernicienne, qui avait substitué l'héliocentrisme au géocentrisme. Mais à la fin du XIXe siècle, cette révolution-là datait déjà de presque trois siècles, elle avait été assimilée. Par ailleurs elle ne concernait pas la physique expérimentale et appliquée mais le cosmos, qui était accessible dans une certaine mesure à l'observation, mais ne l'était toujours pas à l'expérimentation (les télescopes existaient mais pas les satellites ni les navettes spatiales).

La physique comme savoir cumulatif ayant pour objectif ultime la description parfaite et complète de la nature était à la fin du XIXe siècle une idée bien ancrée – au point que le physicien Lord Kelvin (1824-1907) crut pouvoir dire que la physique avait quasiment terminé la description de la nature, avec d'une part la mécanique newtonienne pour la matière et les corpuscules, d'autre part la mécanique ondulatoire pour la lumière et les ondes ; d'autres physiciens s'accordaient aussi ce *satisfecit* mais, plus clairvoyants, ils pensaient que devaient d'abord être expliqués certains phénomènes expérimentaux en apparence mineurs, comme le rayonnement du corps noir, l'effet photoélectrique, l'avance du périhélie de Mercure. Or, ces effets allaient être, sous l'impulsion d'Einstein, à l'origine des grands bouleversements de la science au début du XXe siècle, la mécanique quantique et la relativité.

C'est, par ailleurs, à *une accélération sans précédent de la connaissance en physique et en chimie* à laquelle on assiste à partir de 1905. On peut d'ailleurs considérer *a posteriori* que, au moment où Lord Kelvin exprime son idée d'achèvement de la connaissance physique, celle-ci est en fait à l'âge de pierre. De la même manière que la révolution industrielle va accélérer le développement technique, et que les progrès techniques seront plus importants entre 1850 et 2000 qu'entre l'an 0 et 1850[1], la science, et notamment la physique, va connaître sur la même période, à partir des équations de Maxwell en 1865 mais surtout à partir de 1905, un développement plus fulgurant que tout ce qu'elle a connu auparavant : il y a révolution scientifique à partir de 1905 dans le même sens où il y avait eu révolution industrielle à partir de 1850. Ces deux révolutions sont d'ailleurs imbriquées : la science commençait à avoir, avec un certain décalage dans le temps, des applications – le progrès technique lié à la révolution industrielle en était la démonstration – et réciproquement la technique allait permettre, avec là aussi un certain décalage dans le temps, de valider certaines hypothèses scientifiques – ce sera particulièrement frappant en cosmologie où la puissance d'observation télescopique et la conquête de l'espace rendront d'infinis services à la science.

La spécialisation et la complexification de la science à partir de 1905 signent aussi *la disparition du « savant universel »*, figure populaire et ô combien estimée, notamment en France où cette lignée des philosophes-mathématiciens-physiciens, Descartes, Pascal, Laplace, Poincaré va s'éteindre avec ce dernier. Il ne sera plus pos-

---

1. À la fin du XXe siècle, on pouvait visionner à la Géode de la Cité des sciences à Paris un documentaire fort instructif. D'une durée de vingt minutes, il passait en revue le progrès technique entre les années 0 et 2000, en consacrant la même durée, soit une minute, à chaque siècle. Il ne se passait pas grand-chose dans ce film, presque ennuyeux, pendant les quinze premières minutes ; en revanche, la dernière minute donnait presque mal à la tête, avec une succession continuelle d'inventions, de l'électricité à l'Internet.

sible d'être un touche-à-tout génial de la science. Le savant fait place au *scientifique*, puis au *chercheur*. La science devient un travail d'*équipe* : les développements de la chimie des particules à partir de 1910 (école de Rutherford), ceux de la physique quantique à partir du congrès Solvay de 1927 (synthèse des travaux de Schrödinger, Heisenberg, de Broglie) en sont l'illustration. L'apparition des installations expérimentales lourdes, gros télescopes en astronomie, accélérateurs en physique des particules, viendra renforcer cette tendance, juste avant et surtout après la Seconde Guerre mondiale. Paradoxalement, Einstein, à l'origine de ce bouleversement de la pratique scientifique, en restera lui-même à l'écart, individualiste et isolé dans sa pratique scientifique. On ne peut certes pas le qualifier de « savant universel » : ce mythe s'était assez peu développé en Allemagne (seul Leibniz éventuellement peut être cité) ; par ailleurs, la science allemande avait déjà commencé à se spécialiser dans la deuxième moitié du XIXe siècle ; enfin, Einstein n'était absolument pas un touche-à-tout de la science. Mais on peut avec certitude considérer qu'il est le dernier grand « savant », homme travaillant seul à l'élaboration de ses idées totalement novatrices. Dans l'émouvant hommage que Robert Oppenheimer (1904-1967), l'animateur du travail d'équipe de Los Alamos qui conduira à la bombe atomique de 1945, lui rendra[1], il rappellera à quel point Einstein était un homme seul dans sa pratique, ayant de nombreux disciples mais très peu d'élèves.

Après 1905, il n'y aura plus de savant universel, plus de savant, mais des scientifiques, des chercheurs, des physiciens nucléaires, des astrophysiciens, des cosmologistes, des physiciens des hautes énergies ou de la matière condensée, etc. : la révolution induite dans la pratique scientifique se traduit dans la terminologie. La science n'est plus une occupation, c'est un métier. Parallèlement, elle s'organise, avec la création des premiers organismes de recherche, en Allemagne avec le Kaiser-Wilhem Institut en 1917, en France avec le

---

1. *Einstein. Le livre du centenaire*, bibliographie [70].

CNRS en 1938. Elle s'organise aussi dans des revues scientifiques avec relecteur, même si, parallèlement, on continuera en France à aborder la science de manière très générale dans des revues grand public (*Revue universelle, Revue politique et littéraire, Revue scientifique, Revue des Deux Mondes*).

1905 consacre aussi *la suprématie de la physique allemande en Europe*, notamment par rapport à la physique française. Cette dernière aura tenu le haut du pavé pendant la première moitié du XIXᵉ siècle, à la suite de la création des grandes écoles par la Révolution (et déjà par l'Ancien Régime), et leur développement par l'Empire : la physique française des Fresnel, Arago, Coriolis est incontestablement la meilleure en Europe de 1800 à 1840. L'orientation des grandes écoles vers la formation des ingénieurs de la révolution industrielle conduite avec succès en France à partir de 1850, puis, en ce qui concerne l'École polytechnique, vers la formation d'officiers à partir de la défaite de 1870, fera perdre à la France cette domination de la science européenne. La Grande-Bretagne, avec le premier physicien théoricien Maxwell puis l'école de chimie de Rutherford, et surtout l'Allemagne puissance montante dans tous les domaines à partir de 1850, avec un physicien théoricien comme Boltzmann et des physiciens expérimentaux hors pair[1], viennent prendre le relais. Mis à part Henri Becquerel et les époux Curie, qui partageront tous trois le prix Nobel de physique 1903 pour la radioactivité, mais auxquels échappera le développement ultérieur de la physique de l'atome qui se fera en Grande-Bretagne (Rutherford, Chadwick) et en Allemagne (Bohr, Franck, Hahn), l'école de physique française est à son plus bas niveau entre 1870 et 1940. L'idée même de physique théorique, celle de Maxwell pour l'électromagnétisme, celle de Boltzmann pour la cinétique des gaz, s'y diffuse peu. C'est dans ce contexte que la relativité arrivera en France.

---

1. Après Heinrich Hertz (1857-1894), il suffit de regarder la liste des prix Nobel allemands à partir de 1901, date de création du prix : Röntgen (1901), Lenard (1905), Braun (1909), Wien (1911), von Laue (1914), Planck (1918), Stark (1919).

*
* *

Cette mise en contexte *a posteriori* des travaux d'Einstein et de son approche de la science nous permet de dégager un certain nombre de lignes de force dans l'opposition que lui-même et ses théories rencontreront.

Venant *remettre en cause des théories bien établies* et maîtrisées par les enseignants, la relativité trouvera des opposants dans le milieu académique et professoral : Einstein apparaît comme briseur d'icônes dans un monde physique qui – répétons-le – n'avait pas connu de théorie substitutive depuis l'héliocentrisme. C'est une révolution de même ampleur que la révolution copernicienne que déclenche Einstein avec la relativité restreinte et générale ; elle remet en cause, notamment, le dogme du temps absolu. De fait, Einstein rencontrera des oppositions aussi dogmatiques que Copernic, Giordano Bruno ou Galilée avaient rencontrées.

La relativité générale vient saper la dynamique de Newton, la relativité restreinte vient saper la cinématique de Galilée ; toutes deux sont reléguées au rang d'approximations correctes au premier ordre de la relativité d'Einstein (vitesse v du corps considéré petite devant c vitesse de la lumière). Plus brutalement, et on l'a un peu oublié, la relativité restreinte rend immédiatement caduque la théorie de l'éther qu'avait esquissée Fresnel (1788-1827) à la suite de sa théorie ondulatoire de la lumière. Le caractère substitutif aux théories de Newton et Galilée allait conduire à une opposition des physiciens et des professeurs de mécanique, qu'on appelait encore la mécanique *rationnelle*, souvent professée par des mathématiciens. Le caractère substitutif à l'éther de Fresnel allait susciter une grande incompréhension des physiciens de l'optique, par ailleurs peu compétents dans les lois de la mécanique et peu préparés pour comprendre la théorie d'Einstein dans son ensemble.

La relativité cristallise aussi l'opposition à la méthode de raisonnement de la *physique théorique*, ce que le chimiste et philosophe français Pierre Duhem fustigera en 1915 comme « la méthode déductive de la science allemande ». Quelle est d'ailleurs cette opposition entre méthode inductive et méthode déductive ? La définition de ces deux concepts n'est pas toujours claire, puisque même le dictionnaire, citant Claude Bernard, chimiste expérimental, nous indique : « Il me paraît bien difficile de séparer nettement l'induction et la déduction[1]. » L'induction correspond à l'élaboration d'une théorie à partir de faits expérimentaux ; la déduction part de certaines hypothèses et arrive progressivement à une théorie qui s'accorde à la réalité des phénomènes expérimentaux[2]. La démarche de Planck en 1900 est une illustration de la méthode déductive. Si Lord Kelvin qualifie de grains de sable dans l'achèvement du savoir physique les deux problèmes du rayonnement du corps noir et de l'effet photoélectrique, d'autres scientifiques les qualifient plus justement d'« impasses expérimentales ». Il s'agissait bien d'une limite atteinte par la démarche inductive, puisque le rayonnement du corps noir restait inexplicable ; des physiciens expérimentaux comme l'Anglais Rayleigh ou l'Allemand Wien s'étaient essayés à induire une théorie du rayonnement du corps noir, mais leurs formules ne concordaient qu'avec une partie des résultats expérimentaux. C'est pour sortir de cette impasse – l'impossibilité d'expliquer le rayonnement du corps noir – que Planck émet l'*hypothèse* des quanta – c'est l'apparition du raisonnement déductif – symbolisée par la fameuse constante de Planck h ; il aboutit à une formule[3] qui se trouve expliquer les contradictions du rayonnement du corps noir, et unifier les lois de Rayleigh et de Wien. Planck lui-même, au départ peu enclin aux

---

1. Claude Bernard (1813-1878), cité par le dictionnaire *Le Petit Robert*, article consacré à la déduction.

2. Curieusement, le langage courant semble avoir consacré, notamment pour la démarche scientifique, le terme *déduction* au détriment du terme *induction*. Ces querelles du début du XXe siècle sur une méthode inductive et une méthode déductive semblent à cet égard dépassées, et presque tranchées par le langage courant à notre époque.

3. C'est la formule de Planck $\dfrac{v^3}{\dfrac{hv}{e^{kT}-1}}$ de rayonnement du corps noir.

hypothèses et au raisonnement déductif, ne soutient que du bout des lèvres son hypothèse de la discontinuité quantique en 1900, il en limite l'application aux échanges d'énergie entre lumière et matière ; c'est Einstein qui, en 1905, dans son article « Sur un point de vue heuristique concernant l'émission et la conversion de la lumière », étend l'hypothèse des quanta à la nature de la lumière elle-même. De la même manière, en 1905, dans son article sur la relativité restreinte, Einstein part de deux impasses expérimentales : la première est une expérience électromagnétique, la dissymétrie de comportement du système composé par un aimant et un conducteur quand l'un des deux est mobile ; la seconde est le résultat négatif de l'expérience de Michelson, censée mesurer l'influence sur la vitesse de la lumière du prétendu « vent d'éther » lié au mouvement de la Terre. Comme Planck, mais de manière plus volontariste et aboutie comme il l'a déjà montré dans la mécanique quantique, Einstein, partant de ces impasses, pose le postulat – démarche déductive – de la constance de la vitesse de la lumière dans tout référentiel, et de la caducité de l'éther, et il en *déduit* la théorie de la relativité restreinte.

Une troisième critique contre la relativité est *la mathématisation de la physique*, cette critique pouvant aller jusqu'à exclure la relativité de la physique. Venant de physiciens expérimentaux peu soucieux de se pencher sur les mathématiques de la transformation de Lorentz ou du groupe de Poincaré pour comprendre la relativité restreinte, *a fortiori* sur la mathématique tensorielle de la relativité générale pour comprendre cette dernière, ce reproche est lié au précédent : la méthode déductive paraît dérouler un certain nombre de raisonnements mathématiques avant d'étudier comment les phénomènes expérimentaux s'y rattachent ; par ailleurs, bon nombre de physiciens expérimentaux estimaient, dans leur démarche empirique, qu'ils n'avaient pas besoin de mathématiques, souvent considérées comme un simple outil, pas toujours nécessaire.

Il est certain que l'appareil mathématique de la relativité générale est, à l'inverse de celui de la relativité restreinte, compliqué et nouveau pour l'époque : Einstein, peu mathématicien lui-même, met d'ailleurs un certain temps à se l'approprier entre 1910 et 1914, aidé par son ami Marcel Grossmann. Pourtant, l'appareil mathématique de la mécanique quantique, qui n'apparaît qu'en 1925, vingt ans après les débuts de celle-ci, est tout aussi compliqué (matrices de Heisenberg, spins, fonctions d'ondes probabilistes), sans être stigmatisé autant que celui de la relativité l'a été.

Une déclinaison plus subtile de ce reproche est celle de *la géométrisation de la physique*. Quand Duhem le formule en 1915, vraisemblablement sans connaître la relativité générale qui est publiée sous sa forme définitive par Einstein en 1916, ce reproche n'a pas grand sens, hormis la connotation xénophobe qu'y met Duhem (les Allemands et leur esprit de géométrie). Quand il apparaît quelques années plus tard chez des physiciens ayant survolé la relativité générale, voire des mathématiciens ou des philosophes, il exprime leur attachement viscéral à l'ancienne conception mécaniste. Dans cette conception, c'est la physique qui, en quelque sorte, *prime* la géométrie, une physique de points matériels où le mouvement géométrique (ligne droite pour un mouvement uniforme, ligne courbe pour un mouvement accéléré) est déterminé par la force physique s'appliquant au point. Dans la théorie de la relativité, le champ physique de gravitation est entièrement déterminé par la courbure de l'espace-temps, c'est, selon ses détracteurs, la géométrie qui ainsi *prime* la physique. Ce type de formules à l'emporte-pièce (« la géométrisation de la physique ») pourrait d'ailleurs être aisément inversé, ce qui montre leurs limites ; en effet, on pourrait faire à la relativité le reproche inverse, celui d'intégrer la géométrie dans la physique : l'espace géométrique relativiste n'est déterminé que par la distribution de masses physiques qui le remplissent. C'est d'ailleurs le cœur même de la relativité générale que cette intrication entre champ de gravitation physique et propriétés géométriques de l'espace.

Une quatrième ligne de force est le reproche fait à la relativité de *s'éloigner de la connaissance de la nature*. C'est une conséquence directe de la méthode déductive, qui paraît partir de postulats, à l'inverse de la méthode inductive, qui part des phénomènes naturels et expérimentaux. Nous avons vu le caractère assez artificiel de l'opposition entre déduction et induction ; soulignons aussi que la méthode déductive, pour Einstein en relativité, pour Planck et Einstein en théorie des quanta, pour de Broglie en mécanique ondulatoire, arrivait parfois à mieux expliquer certains phénomènes naturels que la méthode inductive bloquée dans des impasses expérimentales[1]. Mais le thème quasi mythique de la connaissance de la nature prolonge et développe cette opposition apparente entre méthodes déductive et inductive. Dans la langue allemande, la science se dit « *Naturwissenschaft* », littéralement « connaissance de la nature », ou même puisqu'il y a trois termes (*Natur, Wissen, Schaft*) « l'accomplissement de la connaissance de la nature ». Dans le même sens de l'évolution décrite plus haut, on trouve maintenant plus couramment le terme *der Forscher,* c'est-à-dire le chercheur, au lieu de *der Naturwissenschaftler.* Autant dire qu'à un certain nombre de savants allemands, la relativité, avec ses projections métaphysiques, paraîtra éloignée de la connaissance de la nature, qui était leur vocation. Au mythe de la connaissance de la nature se rattache aussi celui d'une science désintéressée, qui doit rester indépendante des applications et du progrès technique. En France, le philosophe Jacques Maritain, en bon aristotélicien, en Allemagne, le physicien Philip Lenard, prônent une science pure, attachée à la connaissance de la nature, et stigmatisent ses applications. Lenard donnera même un sens plus engagé à ce concept de science pure (« *reine Naturwissenschaft* ») en en réservant la pratique à des physiciens aryens.

Une cinquième ligne de force des attaques contre la relativité peut se résumer ainsi : la relativité ne fait partie *ni de la physique, ni des mathématiques, ni de la science, mais de la métaphysique.* La définition de la métaphysique a beaucoup évolué au cours des siècles et, de nos jours, le concept de *philosophie* a largement pris le

---

1. Une hyperbole à ce propos est l'amusante phrase suivante, attribuée par Jacques Bouveresse au physicien théoricien Ludwig Boltzmann (émission de France Culture au Collège de France, 7 mars 2007) : « Il n'y a rien de plus pratique que la théorie. »

dessus : la métaphysique – au sens de la connaissance de l'être et de la nature – est moins pratiquée par nos clercs, qui lui préfèrent la philosophie des idées, la philosophie politique, la sociologie. C'est en France, dans les années 1920, à l'occasion des attaques contre la relativité, que l'on peut observer ces derniers soubresauts de la métaphysique, qui semble ne plus exister que par son invocation, comme un concept figé, comme une étoile dont on perçoit encore la lumière alors qu'elle n'existe plus. C'est aussi une nouvelle conséquence de la spécialisation de la science à partir du début du XXe siècle que de voir cette disparition progressive de la pratique de la métaphysique, et donc de la métaphysique elle-même : les développements cosmologiques de la science (théorie du Big Bang, trous noirs, théorie des cordes, forme de l'Univers), principalement issus des équations de la relativité générale, et grandement facilités par la conquête de l'espace, rendent difficile à un non-spécialiste l'accès à un quelconque débat *métaphysique*. Selon son étymologie, la métaphysique est « ce qui englobe, ce qui dépasse » la physique. C'est à l'origine l'ensemble de l'œuvre écrit d'Aristote, en quatorze volumes. Il n'est donc pas étonnant de voir les gardiens du temple aristotélicien, comme Jacques Maritain, « regarder avec une pleine admiration Einstein pur physicien, et avec une entière aversion Einstein pseudo-métaphysicien ».

L'accusation portée contre le physicien Einstein d'oser toucher à la *métaphysique* va faire florès. Elle est d'autant plus dénuée de sens qu'Einstein, justement, reste strictement dans le domaine de la science physique et ne pratique aucune incursion dans le domaine métaphysique, au moins jusqu'en 1925. En particulier, on peut affirmer avec certitude qu'à aucun moment de sa vie il ne fait d'interprétation métaphysique de ses deux théories de la relativité. À partir de 1920 et de leur succès mondial, il est conduit à répondre à ceux qui font, eux, de la métaphysique à partir de ses théories. La réunion tenue à la Société française de philosophie à Paris le 6 avril 1922 en sera un moment caractéristique ; Einstein doit répondre à diverses objections philosophiques et interprétations métaphysiques, et sa phrase de conclusion est révélatrice du fait que la métaphysique lui est étrangère sur le sujet de la relativité : « Il n'y a donc pas un temps des philosophes ; il n'y a qu'un temps psychologique, différent du temps du physicien. »

Cette mésinterprétation trouve son comble quand les adversaires de la relativité cherchent à la décrire comme *une croyance, presque une religion*. Encore de nos jours, il arrive d'entendre des expressions du type « je crois (*variante :* je ne crois pas) en la relativité ». À l'époque, cela s'accompagne d'une kyrielle de métaphores : Einstein est le grand-prêtre, le prophète (comme Moïse avec sa tribu), voire le Messie d'une nouvelle religion ou d'une secte constituée de ses disciples, « les einsteiniens ». L'antisémitisme n'est jamais loin dans ce type de métaphores liées à la religion, mais elles peuvent aussi être utilisées sans arrière-pensées. En règle générale, le terme « les einsteiniens » sera employé de manière péjorative, certains antirelativistes poussant même jusqu'à garder à Einstein une certaine considération, en réservant leurs attaques aux « einsteiniens ».

Dans le même ordre d'idées suivant lequel la relativité n'est pas une théorie physique mais une conception métaphysique, elle est attaquée comme *une forme d'art, moderne et plutôt dégénéré*. Nous sommes à une époque où l'Art nouveau, l'abstraction non figurative, rencontrent une incompréhension et une opposition importantes, et c'est aussi le cas de la relativité. Les métaphores utilisées par ses ennemis n'ont rien à envier aux métaphores religieuses ci-dessus. En 1916, le médecin français Achalme la compare successivement à la science-fiction naissante, à l'art cubiste récemment apparu en France, à l'art futuriste italien. En 1920, dans le premier meeting antirelativiste public qu'il organise à la Philharmonie de Berlin, l'activiste nazi Paul Weyland la compare au dadaïsme[1], c'est d'ailleurs la seule attaque que retranscrit la presse, à croire qu'à part la virulence des propos contre Einstein lui-même, il n'y avait pas

---

1. Le parallèle avec Einstein n'est pas neutre, puisque le dadaïsme, né à Zurich et se développant principalement en Allemagne, est vu par ses contempteurs allemands comme venant de l'étranger (Einstein naît à Ulm en Allemagne, mais se fait connaître depuis Zurich et Berne).

grand-chose à dire sur la relativité. Le théoricien de la physique aryenne, Philip Lenard, ira plus loin en la qualifiant de science dégénérée : le parallèle avec l'art est là encore plus fort, puisqu'on connaît l'aversion des nazis contre l'art, la littérature ou la musique « dégénérés » (« *entartete*[1] *Musik, entartete Kunst* »), qui conduira notamment aux autodafés. C'est d'ailleurs le même terme que Lenard emploie (« *entartete Wissenschaft* », science dégénérée). Toujours dans la métaphore de l'art, un argument pervers est celui de la beauté de la théorie de la relativité, souvent exaltée. Il peut parfois se retourner contre elle : si la relativité générale est belle et parfaite comme peut l'être une œuvre d'art, c'est que ses concepteurs sont des artistes, qui produisent des idées magnifiques, mais luxueuses et peu utiles...

Une sixième ligne de force dans l'hostilité à Einstein et à la relativité est peu liée à ce qui précède ; c'est le fait qu'à partir de 1920, *Einstein et la relativité connaissent une célébrité mondiale*, relayée par la presse dans le grand public. C'est d'ailleurs cela qui déclenche les autres critiques, puisque rares sont celles qui visent la relativité avant 1920. L'engouement qu'elle suscite dans la presse et le grand public est aussi lié à la notion de dilatation du temps de la relativité, et ses conséquences mythiques – déduites de manière erronée – de bain de jouvence, voire de vie éternelle. À cet égard, le paradoxe des jumeaux, étudié par le physicien français Paul Langevin dans un article de 1911, jouera un grand rôle dans la représentation que la presse et le grand public se feront de la relativité, avec l'image du jumeau voyageant dans l'espace qui retrouve son frère vieilli de plusieurs années à son retour sur Terre. C'est un peu comme si Einstein était le savant, descendant de plusieurs générations d'alchimistes non couronnés de succès, qui avait enfin réussi à trouver la pierre philosophale et à transmuter le plomb en or ; il y a des ressorts ésotériques liés à la vie éternelle dans le succès populaire des théories d'Einstein. Comme le dit Jean-Marc Lévy-Leblond, c'est

---

1. *Entartet*, trad. « dégénéré », de *ent-* suffixe privatif et de *Art* (n.f.), trad. « le genre, l'espèce ».

parce que la relativité s'était approprié des concepts familiers de l'expérience de chacun comme le temps et l'espace qu'elle a rencontré un tel engouement.

Or, la discussion du paradoxe des jumeaux de Langevin est une des plus complexes de la relativité : ce paradoxe, qui s'appuie à la fois sur la relativité restreinte *et* la relativité générale, peut être discuté de plusieurs manières, mais ne se limite pas à la représentation souvent erronée qu'en fait la presse, à cette époque et parfois encore maintenant[1]. Même si le jumeau voyageur arrive plus jeune que le jumeau sédentaire – et pour continuer dans ces représentations anthropomorphiques absentes des écrits d'Einstein – *il n'en vivra pas plus longtemps pour autant*. La meilleure image est celle de la cryogénie[2] : c'est comme si au lieu d'envoyer un des jumeaux dans l'espace, on l'avait mis dans un bloc de glace, où son cœur s'était arrêté de battre en conservant donc sa réserve de « temps biologique », et qu'on l'avait sorti de ce bloc par la suite. Il s'est écoulé moins de temps dans le repère propre du jumeau voyageur que dans celui du jumeau sédentaire, mais il n'a pas de réserve de temps biologique (nombre de battements de cœur). Si en la matière il y a science-fiction, elle est plus à rapprocher du mythe de la cryogénie, donc du voyage dans le temps, que de la vie éternelle. C'est de fait l'incapacité profonde, encore aujourd'hui, à imaginer que les temps s'écoulent différemment dans les deux référentiels, c'est-à-dire l'incapacité à abandonner la notion de temps absolu et accepter celle de la relativité du temps, qui amène à cette confusion.

*
* *

---

1. Pour une discussion complète et complexe de ce paradoxe, suivant plusieurs approches, voir M. A. Tonnelat, bibliographie [66], pages 203 à 226.
2. Merci à Thibault Damour de nous donner cette image dans son livre subtil, bibliographie [63a].

Et Einstein lui-même, dans tout cela ? Le virage que prend sa carrière à partir de la période charnière de 1920-1922 a peut-être été insuffisamment décrit. Cette période marque la fin de ses contributions scientifiques majeures, qui se sont succédé à un rythme important entre 1905 et 1918 : on connaît les quatre contributions de l'*annus mirabilis* 1905 (hypothèse des quanta lumineux, relativité restreinte, mouvement brownien, équivalence masse-énergie) ; on connaît le travail acharné qu'il mène sur la gravitation entre 1907 (expérience de pensée de l'ascenseur en chute libre et principe d'équivalence) et 1916, date de finalisation de la relativité générale ; on sait moins que juste après cet accouchement, il se remet au travail sur la théorie des quanta, qui n'avait que peu progressé entre-temps, et publie en 1917 un article fondamental sur la notion d'émission stimulée, découverte qui sera à l'origine du rayon laser, et de toute l'industrie du CD et du DVD ; on sait moins qu'en 1918 il revient à la relativité, en émettant l'importante hypothèse de l'existence des ondes gravitationnelles.

L'année 1919, celle de ses quarante ans, apporte à Einstein une célébrité mondiale grâce aux mesures prises lors de l'éclipse de Soleil. Il fera entre 1920 et 1923 un certain nombre de voyages dans le monde, recevra le prix Nobel en octobre 1922, commencera à s'intéresser au sionisme : son voyage aux États-Unis en 1921 se fait d'ailleurs à l'invitation de l'Appel juif unifié, pour une levée de fonds en faveur de la cause sioniste. En 1914, il avait certes fait une première incursion dans la politique, avec « l'Appel aux Européens » (*cf.* chapitre VI) : mais il était à l'époque en pleine gestation de la relativité générale. Ce n'est pas faire injure à sa mémoire ni à ses travaux que dire que, après 1919 et la quarantaine passée, sa contribution scientifique ne se situe plus au même niveau ; c'est d'ailleurs un cas général chez les scientifiques, prix Nobel ou non. La plupart des grands scientifiques prennent la responsabilité de grosses équipes ou d'organismes de recherche (ce que fait Planck avec le Kaiser-Wilhelm-Institut en 1917), s'investissent dans un magistère professoral de haut niveau ou dans l'écriture de manuels (von Laue par exemple). Rien de tel chez Einstein, qui, on l'a vu, reste seul : d'un tempérament individualiste, il ne souhaite pas de responsabilités dans la recherche, ce qui ne correspondait d'ailleurs pas à sa pratique ; il aura sa vie durant très peu d'élèves avec lesquels il travaillera. Il ne prend pas non plus de responsabilités d'enseignement suivies en un lieu donné, il donne plutôt des séries de conférences comme invité par des universités. Ce caractère individualiste et nomade est partie intégrante de sa personnalité.

À partir de 1920, non seulement la contribution d'Einstein aux deux théories auxquelles il a donné naissance en 1905 est moindre, mais son attitude à leur égard devient plus distante.

À propos de la mécanique quantique, le fait est connu : à partir de son retour en Allemagne en 1923 après ses voyages à l'étranger, il y réfléchit beaucoup[1] et s'oppose aux interprétations posées par les mentors de cette science. Cela apparaîtra au congrès Solvay en 1927, et surtout en 1935 avec le dernier grand article scientifique majeur d'Einstein, celui du paradoxe EPR proposant une expérience de pensée contraire à la mécanique quantique : ce paradoxe sera résolu positivement en faveur de la mécanique quantique et négativement pour Einstein en 1982 lors d'une expérience d'Alain Aspect à l'Institut d'optique. Einstein continue néanmoins à s'intéresser aux travaux d'autres chercheurs quand il les estimait exceptionnels, principalement en mécanique quantique : entre 1920 et 1932, avant son départ aux États-Unis, il fait connaître les idées d'un physicien indien, Satyendranath Bose (1894-1974), sur le comportement quantique des gaz, traduit son travail en allemand, le fait paraître dans une revue et y apporte un certain nombre de contributions, ce qui

---

1. Dans les rares confidences qu'il fera sur sa pratique scientifique, il indiquera avoir dans sa vie réfléchi cent fois plus à la mécanique quantique qu'à la relativité (témoignage d'Otto Stern, *Einstein. Le livre du centenaire*, bibliographie [70]).

devient la riche théorie des condensats de Bose-Einstein ; de même, il contribue en 1923 à la diffusion dans le monde germanique de la thèse de Louis de Broglie, ce qui permettra à Schrödinger et Heisenberg d'y travailler séparément et d'en donner une formalisation mathématique majeure pour le développement de la mécanique quantique. À partir de son émigration aux États-Unis en 1933, il consacrera l'essentiel de son énergie à la recherche d'une théorie unifiée entre la mécanique quantique et la relativité.

À propos de la relativité elle-même, on observe à partir de 1920 une moindre implication d'Einstein. Tout d'abord, à la différence de von Laue qui écrit un manuel de haut niveau sur le sujet dès 1918, Einstein sera plus intéressé par l'écriture des livres de vulgarisation de la relativité vers un grand public éclairé, sans doute parce qu'il estimait que c'était une tâche plus importante. Mais surtout, il reste loin des développements que connaît la relativité dans le domaine de la cosmologie : c'est l'astrophysicien Schwarzschild, et non lui, qui donne dès 1916 une première solution aux équations de la relativité générale (dites « équations d'Einstein »). De même, Einstein s'intéresse peu aux interprétations cosmologiques de la relativité générale, initiées par les travaux de Friedmann, Lemaître et Gamow et formalisées par la théorie du Big Bang de Hubble. Ce désintérêt relatif d'Einstein du développement de sa théorie est d'ailleurs assez conforme à l'image du « dernier savant » que nous évoquions, personnalité individualiste faisant confiance d'abord à ses intuitions, peu enclin au travail d'équipe, et réagissant rarement aux travaux des autres. Curieusement, et c'est là un des paradoxes du personnage, ses articles de 1905 créent une nouvelle manière de faire de la science, une science plus spécialisée et plus collective *qu'il ne pratiquera jamais lui-même.*

Albert Einstein, « créateur et rebelle », comme l'a qualifié son biographe et ami Banesh Hoffmann, « subtilement simple », comme l'a qualifié H. G. Wells, individualiste, nomade par tempérament puis par nécessité, changeant, insaisissable, seul, ne suivant pas la carrière traditionnelle de ses pairs, ne faisant pas la même science qu'eux, ne pratiquant pas la science comme eux : voilà quelques-uns des traits de sa personnalité qui contribueront à lui attirer l'hostilité de nombre de ses pairs. Par surcroît, il était juif : l'antirelativisme a bien souvent des racines antisémites, mais les lignes de force décrites ci-dessus montrent qu'il se développe aussi indépendamment de l'antisémitisme. Elles peuvent cependant être, parfois, un moyen de le camoufler. Par exemple, critiquer la relativité en la comparant au dadaïsme, c'est aussi exprimer une peur de l'autre différent[1], qu'il soit dadaïste, cubiste ou juif. Mais l'antisémitisme à l'égard d'Einstein ne prendra pas toujours ces voies détournées : au fil de cette période troublée, à partir de 1920-1922, il montrera son vrai visage. Ainsi le journal *L'Intransigeant*, lors de la visite à Paris d'Einstein, mentionne « son nez fort, sa bouche généreuse, le type sémite de son visage bouffi au teint terreux et huileux ». L'instrumentalisation à des fins politiques et antisémites de l'antirelativisme trouvera son paroxysme dans la « physique juive » telle que la définiront les prix Nobel nazis Lenard et Stark, eux-mêmes instrumentalisés par le pouvoir nazi.

Einstein en 1905 : deux révolutions scientifiques, et une nouvelle manière de faire de la science. Einstein en 1920 : un homme célèbre, adulé, suscitant engouement ou haine. Einstein en 1933 : un des premiers adversaires désignés par le pouvoir nazi. L'année Einstein en 2005 : le réveil d'un révisionnisme scientifique. Dans un maelström n'ayant pas grand-chose à voir avec la science, Einstein et sa théorie de la relativité se trouveront pris dans tous les conflits du siècle : en ce sens aussi *Time Magazine* avait raison, Einstein est l'homme du XXe siècle.

---

1. En fait, une peur de soi, comme l'a bien décrit Jean-Paul Sartre dans *Réflexions sur la question juive* (1946).

De l'éther luminifère au GPS[1]

---

1. *NdA :* Cette partie, différente des parties suivantes, revient sur quelques bases scientifiques : la théorie de l'éther (chapitre II) et les vérifications actuelles de la relativité (chapitre III) ; le lecteur plus intéressé à l'histoire des idées antirelativistes peut, s'il le souhaite, passer à la partie suivante (à partir du chapitre IV).

II

L'harmonieux Éther, dans ses vagues d'azur,
Enveloppe les monts d'un fluide plus pur.
LAMARTINE, *Harmonies poétiques et religieuses*[1]

Il est à présent parfaitement admis que la relativité générale correspond mieux à la description de l'Univers que la mécanique newtonienne : elle se substitue à cette dernière, tout en lui laissant le soin de décrire la mécanique des objets terrestres, pour lesquels elle reste valable en première approximation. C'est une substitution tranquille, à faible différence de potentiel.

Il est en revanche une substitution radicale, à forte différence de potentiel, à effet immédiat : c'est la théorie de la relativité restreinte formulée par Einstein en juin 1905. Dans le grand public, elle vient remettre en cause la notion de temps absolu, ce qui était difficile à comprendre et à admettre, et ce qui le reste de nos jours. Mais surtout, chez les physiciens, elle rend immédiatement caduque la notion d'éther : la brutalité de cette disparition sera une cause importante des fortes oppositions que rencontrera la relativité.

---

1. Cette citation nous est donnée par le dictionnaire *Le Petit Robert* dans la définition du mot « éther ».

Rétrospectivement, la physique de l'éther de 1850 à 1900 apparaît comme une construction abstraite et complexe à nos yeux. À cent ans d'intervalle, ce sont ces mêmes reproches d'abstraction et de complexité adressés à la relativité en 1905 qui pourraient l'être en 2005 à la théorie de l'éther, dans la mesure où l'on peut parler de théorie. Si la dynamique de Newton reste tout à fait intelligible, concrète et valide en tant qu'approximation du premier ordre de la relativité, la théorie de l'éther, perdant dès 1905 son statut d'hypothèse valable, allait perdre par surcroît au fil du temps tout caractère concret ou intelligible. Éther, entraînement total, entraînement partiel, vent d'éther, effets du premier ordre, effets du second ordre : on reste confondu par les concepts des physiciens de l'optique du XIXe siècle, fruits d'hypothèses et de petits arrangements successifs visant à faire entrer au forceps des faits expérimentaux, eux nombreux et riches, dans la matrice d'une théorie pauvre et, à la longue, incohérente, mais toujours prégnante dans l'esprit des physiciens. On atteignait là les limites de la méthode inductive fondée sur l'expérience[1]. L'éther était devenu un concept si alambiqué que ses bases scientifiques en étaient difficilement intelligibles par le grand public au début du XXe siècle, de sorte que les idées d'Einstein, replaçant la physique dans un débat neuf, en apparence accessible à tous, n'allaient pas connaître le même obstacle dans le grand public.

La physique éthérée de l'éther luminifère

Le mot choisi par Fresnel pour qualifier le milieu de propagation des ondes lumineuses renvoie à l'éther des poètes, lui-même difficile à définir, air fluide et subtil des espaces célestes. L'adjectif ne nous renseigne pas plus avant sur les propriétés de l'éther, éthéré signifiant irréel, surnaturel... Au-delà de l'éther des littéraires, à la

---

1. Ceci n'est pas sans rappeler le système géocentrique de Ptolémée, qui devait être en permanence adapté aux nouvelles observations astronomiques avant d'être remplacé par l'héliocentrisme de Copernic.

mode chez les poètes romantiques au moment même où il est adopté par les physiciens, le concept d'éther nous ramène à l'Antiquité, dans une conception idéale où science, philosophie et littérature étaient toutes parties intégrantes d'un même savoir universel, le savoir aristotélicien. L'éther y désigne le fluide céleste, baignant le cosmos au-dessus de l'atmosphère, qui désigne le fluide terrestre. On comprend donc que Fresnel ait exhumé ce concept lorsqu'il s'est agi « de donner un sujet au verbe onduler[1] ». En effet, le caractère ondulatoire de la lumière étant confirmé par les expériences de Young et Fresnel, sa propagation nécessitait l'existence d'un milieu autre que le vide. Par analogie avec l'onde sonore qui ne se propage pas dans le vide – dans le vide on n'entend pas de bruit – apparut ainsi la nécessité d'un éther *luminifère* (porteur de lumière) pour transmettre les ondes lumineuses.

Cet éther luminifère des physiciens du XIXe siècle remplit le cosmos mais aussi le voisinage des planètes. Il baigne alors l'ensemble de la surface terrestre, et notamment les milieux dits *réfringents*, c'est-à-dire susceptibles de provoquer une réfraction de la lumière : on sait que la surface de l'eau, la mer ou un lac, ou un objet en verre, tel qu'un prisme, *réfractent* la lumière suivant la loi de Snell-Descartes[2]. Les physiciens du XIXe siècle allaient s'attaquer à un sujet délicat, celui de la propagation de la lumière dans ces milieux réfringents. En 1810, Arago mesure à travers un prisme les déviations des rayons lumineux stellaires, à 6 heures du matin et à 18 heures : la vitesse de la lumière c devrait se composer avec la vitesse de rotation V de la Terre autour du Soleil, et le prisme devrait mesurer une vitesse c + V à 6 heures, et c – V à 18 heures. Or rien de tel n'est observé, l'expérience d'Arago est la première expérience négative d'une longue série : la vitesse d'arrivée de la

---

1. Pour reprendre l'expression d'Olivier Costa de Beauregard, bibliographie [62].
2. Cette loi s'écrit $\sin i_1 = n \sin i_2$, où n est l'indice de réfraction du milieu. La vitesse de la lumière dans de tels milieux est égale à c/n, plus faible que c, n étant supérieur à 1 dans les milieux réfringents (n = 1 dans l'air, n = 1,33 dans l'eau, n = 1,5 dans le verre).

lumière est constante, égale à c, et ne dépend pas du mouvement de l'observateur (en l'occurrence Arago). En 1822, Fresnel réinterprète ce résultat dans le cadre de la théorie ondulatoire en imaginant que l'éther contenu dans le prisme, ou l'éther *pénétrant* le prisme, est *entraîné* par lui dans son mouvement avec la Terre, selon un certain coefficient α[1] : le prisme allant avec la Terre à une vitesse V = 30 km/s (vitesse de rotation de la Terre autour du Soleil), l'éther, milieu pourtant immobile *a priori*, va lui-même à la vitesse α V lorsqu'il pénètre un milieu réfringent comme le prisme. Dans les milieux réfringents mobiles, l'éther n'est ni immobile comme dans le cosmos, ni mobile à vitesse V comme l'est le prisme, mais mobile à une vitesse α V inférieure à V (α < 1) : c'est ce qui sera qualifié d'entraînement partiel de l'éther, premier essai de caractérisation de ce milieu.

L'invention théorique du concept d'entraînement partiel, associé au coefficient de Fresnel α, était un véritable tour de force. Elle n'allait pas tarder à trouver une confirmation expérimentale avec l'expérience de Fizeau (1851). Un rayon lumineux traverse de l'eau en mouvement en remontant le courant, puis en descendant le courant : on observe une différence de temps de parcours[2] de la lumière dans un éther partiellement entraîné, le coefficient de Fresnel rendant compte remarquablement de cette différence de temps de parcours. Ce type d'expérience fut baptisé « du premier ordre en V/c », ne faisant intervenir que la puissance première de V/c : d'ailleurs, toute expérience où l'un des composants était en mouvement par rapport à l'autre, par exemple la lumière remontant un courant d'eau dans l'expérience de Fizeau, impliquait des coefficients en V/c et était donc du premier ordre.

---

1. Fresnel calcule $\alpha = 1 - \dfrac{1}{n^2}$, où n est l'indice de réfraction du prisme.

2. Cette différence de temps de parcours est de $\dfrac{4Ln^2}{c}\alpha\dfrac{v}{c}$, où α est le coefficient d'entraînement, et $\beta = \dfrac{v}{c}$ le rapport entre la vitesse du courant et la vitesse de la lumière dans l'éther non entraîné, ou dans le cosmos.

Bien évidemment, ce qui intéressait les physiciens n'était pas tellement la vitesse de l'éther dans un prisme, mais la vitesse du fameux « vent d'éther » lié au mouvement de la Terre sur son orbite : la Terre en mouvement autour du Soleil à une vitesse V de 30 km/s étant baignée par l'éther, quelle interaction se produisait entre elle et son éther environnant ? Entraînait-elle l'éther dans son mouvement (vent d'éther nul), se mouvait-elle dans l'éther qui restait immobile (vent d'éther de 30 km/s dirigé à l'inverse du mouvement de la Terre), ou, comme un prisme, entraînait-elle partiellement l'éther (vent d'éther compris entre 0 et 30 km/s dirigé à l'inverse du mouvement de la Terre) ? La théorie de Fresnel disait que le vent d'éther était nul à la surface terrestre, sauf sur les objets réfringents dans lesquels l'éther « s'engouffrait » à une vitesse α V, qui était donc la valeur du vent d'éther à la surface d'un prisme... Mais, après l'expérience de Fizeau, plusieurs autres expériences du premier ordre vont aboutir à la redoutable conclusion suivante : il n'était pas possible de détecter sur Terre le vent d'éther par des expériences du premier ordre, car le coefficient d'entraînement de Fresnel venait toujours annuler les effets du premier ordre en V/c. Ce coefficient avait réponse à tout : la théorie était *autoportante* et restait indéterminée au premier ordre quant au vent d'éther...

L'expérience de Michelson, finalement du second ordre

Albert Michelson (1852-1931, prix Nobel de physique 1907) souhaitera mettre en évidence un vent d'éther en imaginant en 1881 une expérience du second ordre[1] en V/c, puisque les expériences du premier ordre étaient non concluantes. Michelson marquera son époque à plusieurs titres : cent ans après l'indépendance des États-

---

1. L'expérience du second ordre est définie comme une expérience où les premiers termes en V/c qui apparaissent sont ceux en V^2/c^2 (absence de termes du premier ordre).

Unis d'Amérique en 1776, c'est le premier physicien américain de renommée internationale, précurseur de la domination de la physique mondiale par les États-Unis à partir de 1945 ; par ailleurs, son expérience deviendra à son insu l'expérience négative la plus célèbre de l'histoire de la science, remettant en cause la notion même d'éther.

Michelson imagine une expérience sophistiquée avec un jeu de miroirs permettant de s'affranchir du mouvement relatif de la lumière et d'un autre milieu (un fluide par exemple), qui conduisait toujours à un résultat de premier ordre. Il mesure la différence de temps de parcours entre un rayon lumineux se mouvant dans le même sens que la Terre autour du Soleil (E-O) et un autre rayon se mouvant dans le sens perpendiculaire (N-S) : cette différence devait être du second ordre en V/c. Le but de Michelson est de mettre en évidence cette différence – comme le montre le titre de l'article[1] qu'il signe en 1887. Le résultat de son expérience est, une fois de plus, négatif : le déplacement des franges se mesure entre $1/40^e$ et $1/20^e$ du résultat attendu.

Michelson, physicien expérimental génial, surpris de ses résultats, fut d'ailleurs assez réticent vis-à-vis de la théorie de la relativité. Cette réticence est souvent mise en avant par les antirelativistes, qui font s'étonner Michelson des « résultats tirés par Einstein de son expérience » : ils croient ainsi pouvoir dire que la relativité a été inventée pour expliquer le résultat négatif de l'expérience de Michelson, que le résultat n'était pas si négatif que cela, que le mouvement de l'éther est moindre que ce qu'on pouvait croire mais qu'il existe... Il est certain que Michelson, qui avait imaginé cette ingénieuse expérience du second ordre pour mesurer un résultat positif, pouvait se trouver en porte-à-faux par rapport à la relativité pour deux raisons : d'abord parce qu'il ne pourrait jamais obtenir de

---

1. « Sur le mouvement relatif de la Terre et de l'éther luminifère », A. Michelson & E. Morley, *The American Journal of Science*, novembre 1887 (http://www.aip.org/history/gap/Michelson/01_Michelson.html).

résultat positif, mais aussi parce qu'*a posteriori* apparaissait une certaine inanité de sa démarche...

Quarante ans plus tard, Michelson, pour « soulager sa mentalité de newtonien impénitent » (selon la formule amusante du physicien Larmor), refera avec son collègue Gale une expérience visant à mesurer un effet, quel qu'il soit, puisque son expérience de 1881 (refaite en 1887 avec Morley) avait été négative. Son expérience de 1925 est assez banale, avec deux rayons lumineux rejoignant les deux points opposés d'un carré, l'un allant dans le sens des aiguilles d'une montre, l'autre dans le sens inverse. Michelson trouve certes un décalage de franges, mais c'est de nouveau une expérience du premier ordre, cette fois-ci en ω/c, où ω est la vitesse de rotation de la Terre autour d'elle-même. Comme le pendule de Foucault soixante-quinze ans auparavant (1851), faisant intervenir comme celui-ci le terme en $\sin\theta$ de la latitude, c'est une expérience terrestre mettant en évidence non pas la translation de la Terre dans un espace absolu, mais la rotation de la Terre sur elle-même. Elle est conforme à la fois à la théorie de Newton et à la théorie de la relativité, qui dans ce cas ne se distinguent pas...

L'expérience de 1887 de Michelson sera refaite à de nombreuses reprises dans des contextes très différents au XXe siècle, elle donnera chaque fois des résultats négatifs de manière toujours plus précise : les plus récentes vérifications (Jaseja au MIT en 1964 ; Brillet à Orsay en 1979), faites avec des lasers lumineux hélium-néon de haute précision, limitent le vent d'éther, ou l'anisotropie de l'espace, à 30 m/s au lieu des 30 km/s attendus, soit un vent d'éther putatif mille fois plus petit que celui donné par la théorie de l'éther !

Fin de l'espace absolu et de l'éther

C'est donc une physique de l'éther fort complexe, parfois contradictoire, qui imprègne les physiciens de la mécanique et de l'optique à la fin du XIXe siècle. Elle est si générale, si peu caractérisée que certains physiciens pensent d'ailleurs que tout est éther, y compris la matière, sorte d'éther concentré. On était en effet à cette époque à peine plus avancé sur la structure de la matière que pendant l'Antiquité, lorsque l'idée de l'atome avait été émise. À la fin du XIXe siècle, on pouvait dire tout et son contraire sur la structure de la matière – d'éminents scientifiques étaient opposés à l'hypothèse atomiste – et même l'identifier à l'éther dont on ne savait guère plus. Les révolutions scientifiques de 1900, la radioactivité, la relativité, la mécanique quantique, allaient mettre fin à ces descriptions vagues, imprécises et généralisatrices.

L'article d'Einstein de 1905 étend à l'électromagnétisme le principe de relativité mis en évidence par Galilée dans l'étude cinématique des corps en mouvement. La transformation de Lorentz, le groupe de Poincaré, allaient servir d'appui à la théorie, mais l'approche d'Einstein était fondamentalement novatrice, créant une nouvelle cinématique et faisant du principe de relativité un principe physique universel. Galilée énonce le principe de relativité dans la physique de son époque en remarquant qu'on ne peut distinguer un mouvement dans un bateau à vitesse uniforme par rapport au même mouvement sur ce bateau à quai : la balle tombe au pied du mât dans les deux cas, les papillons volent de la même manière dans la soute, que le bateau soit à quai ou en mouvement uniforme. De manière analogue, Einstein applique ce principe à l'électromagnétisme, en indiquant que l'asymétrie apparente de comportement entre un aimant fixe et un conducteur mobile d'une part, entre un aimant mobile et un conducteur fixe d'autre part, n'a pas lieu d'être :

> « ... ce n'est pas seulement dans la mécanique qu'aucune propriété des phénomènes ne correspond à la notion de mouvement absolu, mais aussi dans l'électrodynamique. Pour tous les systèmes de coordonnées pour lesquels les équations mécaniques restent valables, les lois électrodynamiques et optiques gardent également leur valeur. »

On sait qu'Einstein ne choisit pas lui-même le terme de « théorie de la relativité » pour qualifier ses travaux, et encore moins le terme de « relativité restreinte » qui n'existe qu'en français – en allemand et en anglais on utilise le terme de « relativité spéciale ». Pourtant, la théorie de 1905 correspond plutôt à la généralisation à l'électromagnétisme d'un principe de relativité, celui de Galilée pour les repères en mouvement uniforme. Les lois de l'électromagnétisme appliquées dans le cadre de la relativité restreinte font disparaître éther et mécanique des points matériels :

> « On verra que l'introduction d'un *éther lumineux* devient superflue par le fait que notre conception ne fait aucun usage d'un *espace absolu au repos* doué de propriétés particulières[1]. »

L'héliocentrisme de Galilée correspondait à la perte d'un repère – au sens physique comme au sens affectif –, celui de la fixité de la Terre. Révolution comparable dans son ampleur à celle de Galilée, la relativité d'Einstein correspond à la perte du repère de substitution auquel la science et l'humanité s'étaient raccrochées, celui de la fixité des étoiles lointaines, le repère absolu, l'espace au repos de Newton. L'éther, qui caractérisait cet espace absolu, mais que personne ne réussissait à caractériser, disparaissait ainsi dans ces quelques lignes d'Einstein.

---

1. Einstein, 1905, bibliographie [10a].

III

Les validations de la théorie de la relativité sont aujourd'hui nombreuses, mais elles se sont échelonnées dans le temps.

En ce qui concerne la relativité générale, elle fait partie intégrante de l'astrophysique actuelle. Elle est qualifiée par les astrophysiciens de « boîte à outils de l'ingénierie spatiale ». Même si cela mérite d'être mieux expliqué et mieux compris, c'est un fait à peu près admis par nos contemporains.

En ce qui concerne l'équivalence masse-énergie ($E = mc^2$), conséquence de la relativité restreinte tirée par Einstein en septembre 1905, elle trouve rapidement des confirmations dans la physique nucléaire des années 1930, avec les premiers accélérateurs de particules. Elle est bien connue par le grand public dès la Seconde Guerre mondiale, avec la bombe atomique puis l'énergie nucléaire.

En ce qui concerne la relativité restreinte *stricto sensu*, elle était conforme à un certain nombre de résultats expérimentaux acquis au XIXe siècle (mesures de la vitesse de la lumière à travers un fluide, dites expériences du premier ordre en V/c) ou au résultat négatif de l'expérience de Michelson (expérience du second ordre en V/c) ; mais elle n'était guère susceptible de vérification expérimentale avant l'apparition de la relativité générale en 1916.

Les trois tests de la relativité générale

De fait, pendant longtemps, jusque dans les années 1960, la communauté scientifique s'est appuyée sur les « trois tests de la relativité générale » : avance du périhélie de Mercure, déflexion des rayons lumineux, décalage vers le rouge des fréquences.

Sur la base des tables d'observation de Mercure, assez détaillées depuis l'Antiquité puisque cette planète tourne autour du Soleil en 88 jours, les astronomes avaient mis en évidence au milieu du XIXᵉ siècle une rotation du périhélie de la planète de 570 secondes d'arc par siècle. Cette rotation s'expliquait de manière naturelle par l'influence des corps tiers – les autres planètes –, mais il restait une différence inexpliquée de 43 secondes d'arc par siècle. Cette différence, appelée « avance du périhélie de Mercure », correspond au fait que le périhélie tourne un peu plus vite qu'on ne s'y attend : c'était la seule contradiction connue à la théorie de la gravitation de Newton. Einstein, appliquant la déformation de l'espace-temps par le Soleil perturbant la trajectoire des planètes, trouve 43 secondes d'arc ± 1'', ce que confirment les mesures actuelles à 43,11. Cette explication de l'avance du périhélie de Mercure par la relativité générale en 1916 constituait une première validation de la théorie.

La relativité générale prévoit la déviation des rayons lumineux à proximité du Soleil, due à la déformation de l'espace-temps qu'il produit. Cette déviation des rayons lumineux des étoiles par le Soleil n'est en général pas observable sur Terre, puisque dans la journée les étoiles ne sont pas visibles. Elle n'est observable que pendant une éclipse totale de Soleil ; elle est maximale pour une étoile située dans l'alignement Terre-Soleil. Le 29 mai 1919, date prévue d'une éclipse de Soleil, l'astronome anglais Arthur Eddington (1882-1944) conduit une expédition au Brésil et en Guinée, et mesure la déviation : au Brésil 1,98'' ± 0,12, en Guinée 1,61'' ± 0,30, par rapport à une valeur théorique de 1,75'' donnée par la relativité générale et 0,875'' donnée par la mécanique newtonienne. Même si la précision de l'observation et celle du résultat étaient médiocres, les mesures s'accordaient beaucoup mieux aux calculs de la relativité générale qu'à ceux de la mécanique newtonienne.

Le troisième test, le déplacement vers le rouge des fréquences des raies du spectre lumineux d'une étoile qui s'éloigne (dit « effet Einstein »), est conceptuellement différent des deux premiers : à la différence des deux autres, qui sont des effets déjà connus, mais que la relativité d'Einstein explique mieux que la mécanique de Newton, il concerne un effet nouveau, non observé jusqu'alors. C'est le seul qui teste le « principe d'équivalence » entre gravitation et accélération ; Einstein écrivait d'ailleurs « si ce test n'est pas vérifié, l'ensemble de la théorie est compromis ». Ce troisième effet sera le plus difficile à mettre en évidence compte tenu des moyens d'observation spatiale au début du XXe siècle. Einstein ne devait d'ailleurs pas voir de son vivant la nouvelle confirmation de sa théorie par ce troisième test, qui aura lieu cinq années après sa mort, sous forme d'une expérience terrestre et non spatiale. Les Américains Pound et Rebka, sur la base de l'effet Mössbauer, découvert en 1957 et permettant la production par excitation atomique d'un photon d'énergie et de fréquence parfaitement définies, donnent en 1960 les résultats de leur expérience remarquable. Dans une tour de 23 mètres à Harvard, un photon de fréquence donnée est émis du haut vers le bas en même temps qu'un photon de même fréquence est émis du bas vers le haut : à l'arrivée, la fréquence du photon se rapprochant du champ gravitationnel de la Terre a augmenté (« décalage vers le bleu »), celle du photon s'éloignant de la Terre a baissé (« décalage vers le rouge »), le décalage des fréquences d'arrivée par rapport à la fréquence d'origine étant mesuré en pourcentage à $2GH/c^2$ (H étant la hauteur de la tour, et G la constante de la gravitation terrestre), soit un effet de 5×10^{-15} conforme à la relativité générale, et, bien qu'infime, mesuré avec une grande précision par les expérimentateurs[1].

---

1. Plus précisément, le calcul relativiste donne $4{,}905 \times 10^{-15}$, pour un résultat mesuré par Pound et Rebka à $4{,}900 \pm 0{,}38 \times 10^{-15}$, soit une précision de l'ordre du millième.

On le voit, de 1920 à 1960, la relativité générale en tant que théorie de la gravitation n'a que très peu de confirmations expérimentales, hormis les deux premiers tests. Elle intéressera peu les physiciens, plus attirés par la mécanique quantique. C'est d'ailleurs dans ce contexte morose de « traversée du désert » de la relativité générale – aggravé par la mort d'Einstein trois mois plus tôt – qu'intervient le congrès du cinquantenaire de la théorie de la relativité à Berne en juillet 1955 ; Max Born, grand ami d'Einstein, physicien qui fera toute sa carrière dans la mécanique quantique, expliquera ainsi son choix dans un hommage lucide :

> « Les fondations de la relativité générale m'apparaissaient alors, et encore aujourd'hui, comme le plus grand exploit de la pensée humaine quant à la Nature, la plus stupéfiante association de pénétration philosophique, d'intuition physique et d'habileté mathématique. Mais ses liens à l'expérience étaient ténus. Cela me séduisait comme une grande œuvre d'art que l'on doit apprécier et admirer à distance. »

La relativité générale, « boîte à outils » de l'astrophysique

À partir de 1960 – et de manière toujours plus précise jusqu'à nos jours –, la relativité va connaître d'impressionnantes confirmations expérimentales, rendues possibles par la conquête de l'espace : l'espace est le lieu des grandes vitesses et des hautes densités de masse, il est de fait le champ d'application privilégié de la relativité générale.

Cette vérification sera aussi le fait d'expériences terrestres de haute précision, grâce aux avancées de la technologie mise ainsi au service de la science, lui payant sa dette en quelque sorte. On en a vu un exemple avec la vérification du troisième test de la relativité par Pound et Rebka en 1960 : la technologie des lasers de haute précision, elle-même issue d'un article d'Einstein de 1917 sur l'émission stimulée en mécanique quantique, permettait cette expérience avec une précision suffisante. Ce troisième test sera vérifié de manière dix fois plus précise en 1976 par Vessot : une horloge de grande précision (maser à hydrogène) est envoyée dans une fusée à une altitude de 10 000 km, et sa fréquence est comparée en permanence par échange de signaux radio à celle d'une horloge identique restée au sol ; le décalage de fréquences est mesuré à 4×10^{-10} (soit un décalage d'horloges de 1 seconde par siècle) avec une précision de 10^{-4}, soit 0,1 ‰.

Le deuxième test, celui de la déflexion des rayons lumineux (ou des rayons électromagnétiques), dont la précision en 1919 était faible, est lui aussi refait de nombreuses fois avec une précision croissante, grâce aux technologies spatiales, et non plus en utilisant les éclipses. Citons, par exemple, la mesure de l'écho radar (dit « effet Shapiro ») entre un signal électromagnétique émis depuis la Terre vers une autre planète et reçu en retour sur Terre. Ce signal est retardé par le champ de gravitation solaire, de manière encore plus sensible si le Soleil se situe entre la Terre et la planète (conjonction astronomique). En 1980, un signal est envoyé vers la sonde Viking posée sur Mars, le Soleil étant en conjonction : le retard mesuré est de 250 microsecondes pour un temps de parcours aller-retour du signal entre la Terre et Mars égal à 40 minutes (soit un décalage temporel de 328 secondes par siècle) ; ce retard permet de vérifier le second test à une précision de 4×10^{-4} près. La mesure de l'écho radar – et donc du second test – la plus précise à ce jour est faite en 2003 selon le même principe, depuis la Terre vers la sonde spatiale Cassini ; il donne une mesure du retard de Shapiro conforme à la relativité générale à 2×10^{-5} près.

Einstein avait prévu dès 1924 une autre manifestation de la déflexion des rayons lumineux, la lentille ou le mirage gravitationnels. En 1979, cet effet est vérifié grâce à l'observation du quasar Q0957+561. Il s'agit d'une étoile située dans la Grande Ourse, à 9 milliards d'années-lumière, qui se trouve dans l'alignement d'une importante galaxie : la lumière provenant de ce quasar est non seulement défléchie par la galaxie, mais aussi focalisée et amplifiée par elle, la galaxie jouant le rôle de lentille ou de télescope. L'effet de déflexion donne alors une image dédoublée de l'étoile lointaine, d'où le concept de « mirage gravitationnel ». Selon la position respective de l'étoile observée et de l'étoile déflectrice, ce même effet résultant de la déflexion relativiste sera observé de nombreuses fois suivant différents motifs : G2237+0305 est une « croix d'Einstein », avec quatre mirages du même objet céleste ; MG1131+0456, observé en 1995, est un « anneau d'Einstein », image non résolue des différents mirages se juxtaposant sous forme d'anneau.

Ondes gravitationnelles et pulsars

Einstein ne s'était pas arrêté à la prévision des trois tests et du principe d'équivalence. De la même manière qu'il avait prédit dans son article de 1905 sur l'équivalence masse-énergie la possibilité de vérifier cette équivalence avec « des corps dont la capacité d'énergie est au plus haut degré variable » – ce qui sera vérifié par la fission nucléaire en 1938 –, il imagine dans deux articles de juin 1916 et de février 1918 la possibilité d'ondes gravitationnelles en application de la relativité générale. L'onde gravitationnelle correspond à la déformation de l'espace-temps au voisinage d'une masse en mouvement accéléré : déformation forte au voisinage de cette masse, plus faible au fur et à mesure qu'on s'en éloigne. De la même manière que des particules chargées accélérées dans un champ électrique provoquent une onde électromagnétique, les masses se déplaçant dans l'espace-temps provoquent une déformation qui se propage comme une vague, dite « onde gravitationnelle », qu'Einstein caractérise et calcule en 1918 d'après les équations de la relativité générale. En 1974, les physiciens américains Hulse et Taylor de l'Université de Princeton découvrent le pulsar PSR B1913+16, c'est-à-dire une double étoile : deux étoiles similaires et liées orbitant autour de leur centre de gravité commun ; ils mettent en évidence une perte d'énergie du pulsar, liée à l'émission d'une onde gravitationnelle par le système accéléré qu'est l'étoile double. Cette perte d'énergie du système se traduit par un rétrécissement de l'orbite, donc une diminution de la durée de parcours de 67 milliardièmes de seconde pour chaque orbite d'une durée de 8 heures (soit un effet de $2,3 \times 10^{-12}$)[1]. Leurs calculs de la perte d'énergie du pulsar correspondent à ceux prédits par les équations de la relativité générale à 2 ‰ près. Cette découverte et ces calculs leur valent le prix Nobel de physique en 1993. Le pulsar permet de mettre en évidence l'effet des ondes gravitationnelles, à une précision du millième, remarquable pour des objets aussi éloignés. Toutefois, la captation effective d'une onde gravitationnelle n'a pu encore se faire car ces ondes sont de très faible intensité, difficilement détectables. Le but des interféromètres VIRGO à Pise (interféromètre terrestre, en cours de mise en service en 2007) et LISA dans l'espace (projet américain prévu pour 2012) est de les détecter.

Les pulsars permettent en outre l'étude des champs gravitationnels forts, c'est-à-dire des fortes déformations statiques de l'espace-temps ; en effet, à la différence du système solaire où ce paramètre est très faible, le paramètre de Schwarschild mesurant cette déformation $2GM/Rc^2$ est égal à 0,4 dans le cas de PSRB1913+16, proche de 1, caractéristique de la densité des trous noirs, et beaucoup plus important que 4×10^{-6}, valeur du paramètre pour le Soleil. L'analyse du signal pulsar reçu sur Terre nécessite la prise en compte de plusieurs effets relativistes du mouvement de l'étoile double : déplacement du pulsar à une vitesse non négligeable devant celle de la lumière (300 km/s soit $10^{-3}c$), champ gravitationnel variable et non négligeable exercé par l'étoile jumelle, modélisation effective de la trajectoire du pulsar qui n'est pas une ellipse comme en mécanique newtonienne mais une forme de rosace prévue par la mécanique relativiste. En ce sens, la relativité générale est seule à même d'expliquer le signal reçu des pulsars, d'où la qualification qui lui est

---

1. L'article http://arxiv.org/PS_cache/astro-ph/pdf/0407/0407149.pdf de juillet 2004 de J. Weisberg et J. Taylor (ce dernier étant un des deux découvreurs du pulsar et prix Nobel 1993) fait le point sur trente ans d'observation de PSRB1913+16.

donnée de « boîte à outils » de l'astrophysique : à ce jour, comme l'indique Thibault Damour, spécialiste français de la relativité générale, l'étude des signaux reçus de quatre pulsars différents[1] a permis de vérifier dix paramètres indépendants donnés par la relativité générale dans le domaine des forts champs gravitationnels.

Le GPS, une application de la relativité dans la vie quotidienne

Mais, au-delà des vérifications et applications de la relativité dans l'astronomie et l'astrophysique, il en existe une application pratique dans la vie quotidienne : la localisation par GPS (*Global Positioning System*). Le principe du GPS étant fondé sur la mesure du temps de parcours de signaux électroniques, il est important que les horloges au sol et les horloges situées dans les satellites du système GPS soient synchronisées. Les deux théories de la relativité nécessitent que cette synchronisation soit corrigée de deux facteurs[2] : le premier terme est lié à la relativité générale, il exprime la différence de champ gravitationnel entre les deux horloges, c'est le même terme que dans le troisième test ci-dessus (différence de potentiel gravitationnel sur Terre et dans le satellite GPS situé à 20 000 km d'altitude) ; le deuxième terme est lié à la relativité restreinte, il exprime la différence de temps entre l'horloge terrestre et l'horloge embarquée dans le satellite GPS, de vitesse non négligeable par rapport à celle de la lumière (environ 14 000 km/h). Le calcul simple de ces deux termes donne une correction de 46 µs (microsecondes) par jour pour le premier terme, et de 8 µs par jour

---

1. PSRB 1913+16 (1974) déjà mentionné, PSRB 1534+12, PSR J1141-6545, PSR J0738-3039 ; voir T. Damour, bibliographie [63b, c, d]).

2. La formule de correction des temps GPS a la forme assez simple suivante $\dfrac{\Delta\omega}{\omega} = \dfrac{\Delta\phi}{c^2} - \dfrac{v^2}{2c^2}$ (premier terme dû à la relativité générale, second terme dû à la relativité restreinte).

dans l'autre sens pour le second terme, soit au total 38 µs par jour. Le GPS corrige donc chaque jour un décalage de 38 microsecondes en application des deux théories de la relativité : si ces corrections relativistes n'étaient pas appliquées, le GPS perdrait chaque jour 12 km (38 microsecondes-lumière) en précision. Le fait que le GPS est connu pour sa précision – on parle de précisions de 1 mètre à présent – est une confirmation des deux théories de la relativité et l'une de leurs applications quotidiennes.

La physique
à l'heure allemande

IV

La nouvelle physique du début du XXe siècle, que ce soit la relativité ou la mécanique quantique, naît et se développe prioritairement dans le monde germanique : Planck est allemand, Einstein, né en Allemagne, réside en Suisse alémanique en 1905. De fait, depuis 1850 en Europe, et de manière plus manifeste à partir de 1870, la science européenne se développe principalement en Angleterre et en Allemagne. La France avait un véritable *leadership* en Europe avant 1850, citons Fresnel en physique et Cauchy en mathématiques ; mais l'âge d'or de la science française, celui des savants issus des grandes écoles créées par la Révolution, développées par l'Empire napoléonien, allait s'éteindre progressivement dans les années 1850-1860, sous le Second Empire.

Le niveau de la physique française au début du XXe siècle est faible, et par surcroît la France souffre de l'absence d'une école de physique théorique. Les communautés scientifiques sont isolées les unes des autres, la prestigieuse école de mathématiques française dédaigne la communauté des physiciens. À l'opposé, en Allemagne, une fertilisation croisée et une saine émulation existent entre une école de physique puissante, composée aussi bien de physiciens théoriciens que de physiciens expérimentaux, et une école de mathématiques très novatrice et intéressée aux nouveaux développements de la physique.

1794-1850 : *les grandes écoles, creuset de la science française*

Les grandes écoles, et notamment l'École des ponts et chaussées créée par Louis XV en 1747, et l'École polytechnique créée par la Révolution en septembre 1794 juste après Thermidor, avaient joué un rôle important dans le développement de la science en France et en Europe dans la première moitié du XIXe siècle. Bonaparte, sous le Directoire, associe à la campagne d'Égypte de nombreux savants issus de ces écoles : il voit sa mission en Égypte comme civilisatrice, les savants participent aux relevés archéologiques comme aux aménagements hydrologiques ou routiers ; l'Empire napoléonien restera un grand protecteur des sciences. De manière intelligente, la Restauration, pourtant beaucoup moins impliquée dans la science que ne l'était l'Empire, laissera ces écoles œuvrer au progrès des sciences mathématiques et physiques en France. Parmi les prestigieux protecteurs, parrains et premiers professeurs de ces écoles, certains comme Lagrange (1736-1813) ou Monge (1746-1818), meurent pendant l'Empire ou juste après, mais Ampère (1775-1836) était toujours vivant, et Laplace (1749-1827) saura plaider auprès de la monarchie restaurée la cause de la science française. Les deux plus brillants scientifiques issus de ces écoles, le physicien Fresnel et le mathématicien Cauchy[1] étaient d'ailleurs de farouches antibonapartistes et des royalistes engagés : Cauchy, monarchiste légitimiste, s'exilera même lors de l'avènement de Louis-Philippe !

On peut dater des années 1850 la fin de l'âge d'or de la science française. Les grandes écoles prennent le tournant de la révolution

---

1. Fresnel (1788-1827) et Cauchy (1789-1857) passent tous deux par l'École polytechnique et par l'École des ponts et chaussées : à l'époque, les élèves sortis dans les premiers de l'École polytechnique rentrent au Corps des Ponts, et non au Corps des Mines. Fresnel, en dehors de sa théorie de l'optique ondulatoire qui en fait le plus brillant savant de son époque, laisse en moins de quarante ans de vie une œuvre majeure d'ingénieur au service des Ponts et Chaussées, les lentilles de Fresnel dans les phares marins. Elles sont toujours utilisées dans les phares marins et le sont aussi dans les phares de voitures !

industrielle et forment exclusivement des ingénieurs, avec succès, mais au détriment de la science. À l'exception d'Henri Poincaré, qui est avant tout un mathématicien, et d'Henri Becquerel, tous deux nés dans les années 1850 et diplômés dans les années 1870 de l'École polytechnique, la France ne produit plus de grands savants. Le phénomène s'accentue après la défaite de 1871, vécue comme une humiliation par la nation : l'École polytechnique réoriente son enseignement pour former des militaires et non plus des savants[1] ni des ingénieurs, et ceci sera vrai jusqu'à la veille de la Seconde Guerre mondiale.

L'École normale supérieure, créée aussi par la Révolution en 1795, restera jusqu'à 1850 assez éloignée de la science, à de rares exceptions près : Évariste Galois, Louis Pasteur, Édouard Branly, individualités isolées dans des disciplines différentes. Comme son nom l'indique, elle se situait au-dessus des écoles normales d'instituteurs, formant des enseignants universitaires, mais à ses débuts peu de savants. Elle prendra progressivement le relais de l'École polytechnique pour la formation des scientifiques français de haut niveau. Pasteur, un des seuls savants issus de cette école en 1843, y est directeur des études scientifiques de 1857 à 1867 et y dirige un laboratoire : il jouera un rôle pour attirer de jeunes scientifiques à l'École normale. À titre d'exemple, après Charles Hermite et Camille Jordan, Henri Poincaré est le dernier grand mathématicien à choisir l'École polytechnique en 1872 ; les mathématiciens plus jeunes, Picard en 1875 et Painlevé en 1883, optent pour l'École normale supérieure.

---

1. Il est intéressant de noter à cet égard que quatre grands noms d'anciens élèves de Polytechnique sont d'âge très voisin et rentrent à l'École entre 1869 et 1873 : Henri Poincaré, Henri Becquerel, Ferdinand Foch et Joseph Joffre. Les deux premiers sont les deux derniers grands scientifiques français issus de Polytechnique (Becquerel obtiendra le prix Nobel en 1903 avec Pierre et Marie Curie pour la découverte de la radioactivité), ils disparaissent prématurément tous deux avant soixante ans, et avant le début de la Première Guerre mondiale. Les deux autres polytechniciens, Foch et Joffre, deviennent célèbres, eux, après la soixantaine, en remportant la victoire comme généraux des armées françaises pendant la guerre.

1850-1905 : le développement de la physique en Angleterre et en Allemagne

Pendant cette période, les grands acteurs de la physique ne se trouvent plus en France, mais en Angleterre et en Allemagne ; à partir de sa création en 1901, la liste des lauréats du prix Nobel est à cet égard révélatrice. En Angleterre, citons Lord Kelvin (1824-1907), le père de la thermodynamique, James Maxwell (1831-1879), l'unificateur de l'électricité et du magnétisme, Lord Rayleigh (1842-1919, prix Nobel de physique 1904), entre autres concepteur de la formule de Rayleigh-Jeans pour le rayonnement du corps noir et découvreur du gaz argon, Joseph Thomson (1856-1940, prix Nobel de physique 1906), le découvreur de l'électron, William Henry Bragg (1862-1942) et son fils William Lawrence Bragg (1890-1971), tous deux prix Nobel de physique en 1915 pour la diffraction des rayons X sur un cristal, Ernest Rutherford (1871-1937, prix Nobel de chimie 1908), le découvreur du noyau atomique. En Allemagne, citons Gustav Kirchhoff (1824-1887), qui fonde la spectroscopie et découvre les raies atomiques, Ludwig Boltzmann (1844-1906), inventeur de la théorie cinétique des gaz et de la physique statistique, Heinrich Hertz (1857-1894), qui met en évidence la première onde électromagnétique, Wilhelm Röntgen (1845-1923, premier prix Nobel de physique en 1901), qui découvre les rayons X, Max Planck (1858-1947, prix Nobel de physique 1919), fondateur de la théorie des quanta, Philip Lenard (1862-1947, prix Nobel de physique 1905), qui met en évidence les rayons cathodiques et l'effet photoélectrique, Wilhelm Wien (1864-1928, prix Nobel de physique 1911), concepteur d'une formule de rayonnement du corps noir, Max von Laue (1879-1960, prix Nobel de physique 1914) et bien sûr Albert Einstein.

Mais, au-delà de cette liste prestigieuse, il y a une véritable émulation à laquelle se livrent physiciens anglais d'une part et allemands d'autre part, physiciens théoriciens d'une part et physiciens expérimentaux d'autre part. Ainsi, le physicien théoricien écossais Maxwell fonde, en 1865, l'électromagnétisme en réunissant dans un même corpus théorique les lois de l'électricité et celles du magnétisme, et le physicien expérimental allemand Heinrich Hertz met en évidence la première onde électromagnétique, l'onde radio, à laquelle le nom d'onde hertzienne sera donné. Ainsi, le physicien expérimental anglais Rayleigh et le physicien expérimental allemand Wien donnent chacun une loi de rayonnement du corps noir, leur unification étant à l'origine de la théorie des quanta du physicien théoricien allemand Planck. Le physicien théoricien Einstein expliquera l'effet photoélectrique mis en évidence de manière expérimentale par Hertz et Lenard. L'Anglais Joseph Thomson isole et qualifie l'électron, particule constituant le rayon cathodique caractérisé par l'Allemand Lenard. L'émulation en physique existe même entre physiciens et mathématiciens : l'école allemande de mathématiques de Göttingen, et notamment son fondateur David Hilbert (1862-1943), travaille sur les équations de la relativité générale, à fort contenu mathématique. Le seul exemple d'émulation et de fertilisation croisée qui profite à la science française est celui de la découverte de la radioactivité à partir des rayons X de l'Allemand Röntgen, qui se traduit en 1903 par l'unique prix Nobel de physique français attribué avant 1925[1], à Henri Becquerel et à Pierre et Marie Curie.

1905 : la physique théorique absente en France

La France ne contribuera que peu aux grands domaines de la physique théorique à la base des révolutions scientifiques de 1905 : l'électromagnétisme, la thermodynamique, la théorie cinétique des

---

1. Si l'on excepte le prix Nobel de physique de 1908 attribué au Français Gabriel Lippmann pour une méthode de reproduction photographique par interférences lumineuses : mais justement ce physicien, aujourd'hui oublié, se rattache à l'école traditionnelle d'optique française et est récompensé pour un procédé technique. On est loin des développements de la physique théorique en électromagnétisme, en thermodynamique, en cinétique des gaz.

gaz, l'interaction lumière-matière, l'analyse du rayonnement du corps noir et de l'effet photoélectrique. À l'opposé de la fertilisation croisée, les disciplines restent cloisonnées en France à la même époque : une école de mathématiques prestigieuse mais isolée, une école de physique anémiée et centrée sur l'optique (le point fort de la physique française, héritage de l'âge d'or du début du XIXe siècle), s'ignorant toutes deux, l'une méprisant l'autre, et toutes deux peu intéressées aux développements scientifiques hors des frontières.

L'école de mathématiques française reste incontestablement très brillante après 1850 (elle l'est encore aujourd'hui), traversant sans dommages la période de profonde mutation de l'enseignement supérieur et de la recherche en France entre 1850 et 1870, avec une continuité certaine entre les brillants anciens Cauchy, Liouville, et les continuateurs Hermite, Camille Jordan, Henri Poincaré, puis Lebesgue, Picard, Painlevé... Elle reste toutefois très centrée sur l'analyse, son point fort, et est hostile aux innovations venues d'Allemagne (Cantor, Hilbert, Zermelo) ou d'Italie (Peano) sur les fondements axiomatiques et logiques des mathématiques. Poincaré lui-même défend une conception traditionnelle des mathématiques, il qualifiera les axiomes de l'arithmétique donnés par Peano en 1899 de « définition éminemment propre à donner une idée du nombre 1 aux personnes qui n'en auraient jamais entendu parler[1] » !

L'école de physique française, elle, reste attachée à la physique classique, principalement l'optique et la mécanique, quand celle-ci n'est pas annexée par les mathématiciens. Plus qu'en Allemagne, la théorie ondulatoire de la lumière et celle de l'éther luminifère, conçues par leurs prestigieux aînés, imprègnent les raisonnements des physiciens français. Ils poursuivent les diverses expériences de mesure de la vitesse de la lumière, dans la lignée d'Arago, de Fresnel et de Fizeau. La physique théorique est totalement absente en France à la fin du XIXe siècle, et la notion même en est quasi incomprise. Née en Allemagne et en Angleterre, la physique théorique est

---

1. H. Poincaré, *Science et Méthode*, Flammarion, 1908 ; cité dans H. Zwirn, *Les Limites de la connaissance*, Odile Jacob, 2000.

la conception de modèles successifs dont on vérifie la validité sur les résultats expérimentaux. Elle est intimement liée à la méthode déductive, et montre sa richesse en complément de la physique expérimentale en de nombreuses occasions : en 1905, les résultats à porter au crédit de la physique théorique sont la théorie unifiée de l'électromagnétisme de Maxwell, la théorie cinétique des gaz de Boltzmann (qui donnera naissance à la physique statistique), la théorie des quanta de Planck (qui donnera naissance à la mécanique quantique), la théorie de la relativité d'Einstein.

Parmi les physiciens français, seuls deux normaliens, Paul Langevin (1872-1946) et Jean Perrin (1870-1942), s'intéresseront à la physique théorique. Mais ils n'avaient aucun maître susceptible de les guider, car c'est bien la génération plus âgée, en Angleterre celle des Rayleigh et Thomson (nés respectivement en 1842 et en 1856), en Allemagne celle des Boltzmann, Hertz et Planck (nés respectivement en 1854, 1857, 1858), qui fait cruellement défaut en France. Peut-être Poincaré (né en 1854) aurait-il pu jouer ce rôle, mais il ne l'a pas fait : il était avant tout mathématicien, plus intéressé par la physique mathématique que par la démarche de la physique théorique, voire opposé à la notion de théorie physique ; c'était surtout un savant individualiste, à l'image d'Einstein, travaillant seul et sans disciples. C'est, en toute logique, vers la physique d'Einstein que se tourneront les deux physiciens théoriciens français dans leurs travaux : Langevin vers la relativité et Perrin vers le mouvement brownien, ce qui lui vaudra le prix Nobel de physique en 1926.

V

Dans ce contexte, la théorie de la relativité restreinte va se diffuser de manière très différente en France et en Allemagne dans les milieux de la physique. En France, seul Paul Langevin s'y intéresse, dès 1906. En Allemagne, le physicien Max von Laue (1879-1960, futur prix Nobel 1914), exact contemporain d'Einstein, brillant scientifique à la fois intéressé par la physique expérimentale et par la physique théorique, contribuera avec son maître Max Planck à diffuser la théorie de la relativité dans un milieu déjà largement préparé aux nouvelles théories physiques. Langevin et Laue, aux origines et aux parcours très divers, seront les deux « passeurs » de la relativité ; ils partagent aussi le privilège d'être restés leur vie durant les rares amis professionnels d'Einstein. Les autorités allemandes et françaises, soixante ans plus tard, choisiront à nouveau de les rapprocher en baptisant « Institut Laue-Langevin » le puissant réacteur à neutrons créé à Grenoble en 1967 dans le cadre de la coopération scientifique franco-allemande[1].

---

1. Coopération lancée dans le cadre de la réconciliation lancée par le général de Gaulle et le chancelier Adenauer en 1963 ; www.ill.fr (site Internet de l'Institut Laue-Langevin).

Max von Laue, noblesse oblige

Laue fait entre 1907 et 1911 sept contributions importantes à la relativité : il démontre la conformité de la relativité restreinte à l'ensemble des phénomènes expérimentaux de la théorie ondulatoire de Fresnel. Dans son article de 1905, Einstein avait déjà retrouvé, grâce à sa théorie, les formules de l'effet Doppler et de l'aberration stellaire. Laue va plus loin en appliquant la fameuse formule de composition des vitesses de la relativité restreinte à la lumière traversant un liquide en déplacement[1]. Il retrouve le coefficient d'entraînement partiel de l'éther et le résultat de l'expérience de Fizeau : la théorie optique de Fresnel devient ainsi, l'éther en moins, une approximation au premier ordre de la relativité restreinte, comme la dynamique de Newton deviendra une approximation au premier ordre de la relativité générale. Cette « application numérique » de la théorie de la relativité restreinte faite par Laue portera le coup de grâce à l'éther et contribuera à convertir rapidement de nombreux physiciens allemands à la relativité.

En 1911, Laue publie à la demande de l'éditeur allemand Vieweg le premier manuel de relativité restreinte ; celui-ci ne sera traduit en français qu'en 1924 (édition Gauthier-Villars) ; en 1923, il publie un deuxième volume sur la relativité générale (traduction française 1926). Laue a eu un rôle fondamental dans la diffusion de la relativité dans l'enseignement supérieur : Einstein totalement absorbé pendant dix ans par la gestation de la relativité générale ne pouvait pas jouer ce rôle. Si Einstein a été à partir des années 1920

---

1. La formule donnée par Laue est $\dfrac{u+v}{1+\dfrac{uv}{c^2}} = \dfrac{u+\dfrac{c}{n}}{1+\dfrac{uc}{nc^2}} = \left(\dfrac{c}{n}+u\right)\left(1-\dfrac{u}{nc}\right)+2°\,\text{ordre}$

$= \dfrac{c}{n}+u\left(1-\dfrac{1}{n^2}\right)+2°$ ordre : sommés dans une loi classique d'addition des vitesses, le premier terme correspond à la vitesse de la lumière dans le liquide à indice de réfraction n, et le second terme est le « coefficient d'entraînement partiel » de Fresnel appliqué à la vitesse u du liquide.

le premier vulgarisateur de la relativité dans le grand public, Laue a été dès 1911 le premier « passeur » de la relativité parmi ses collègues physiciens comme parmi les étudiants et futurs scientifiques.

Il sera brièvement l'adjoint d'Einstein à l'Institut de physique théorique de Berlin en 1918-1919, et restera son fidèle soutien. En octobre 1933, après l'arrivée de Hitler au pouvoir, lors d'un colloque sur la politique scientifique tenu par le physicien nazi Stark, il comparera l'attitude des nazis à l'égard d'Einstein à celle de l'Église catholique contre Galilée. Einstein gardera d'ailleurs une grande affection pour Laue : à partir de son exil américain, de 1933 jusqu'à sa mort en 1955, lorsqu'un collègue allemand venait lui rendre visite, Einstein ne manquait pas de dire « Saluez Laue pour moi » ; lorsque le visiteur s'enhardissait à demander s'il y avait d'autres collègues qu'Einstein souhaitait saluer, il répétait la même phrase.

Paul Langevin, un physicien théoricien isolé en France

C'est donc isolé dans une physique française reléguée au second plan que Paul Langevin (1872-1946, ENS 1892) s'intéresse dès 1906 à la théorie de la relativité, et d'une manière originale. Sa contribution à la physique et son image auprès du grand public ont souvent été brouillées par deux autres composantes de sa vie : son engagement politique dans la création de la Ligue des droits de l'Homme en 1924, puis dans le communisme et le Front populaire, et sa liaison d'homme marié avec Marie Curie veuve. De manière plus insidieuse, l'action continue menée par Langevin en faveur d'Einstein et de la relativité sera à dessein présentée par les adversaires de la relativité comme une collusion politique sans rapport avec la science : si Langevin est le seul physicien français à valider la relativité, ne serait-ce pas pour des raisons politiques ? Cette insinuation permettait de discréditer à la fois Langevin et Einstein.

Visionnaire, il travaille sur des sujets très analogues à ceux d'Einstein : il est le premier en France à faire de la physique théorique, en faisant connaître les travaux de physique statistique de Boltzmann ; par ailleurs, il a l'idée de l'équivalence masse-énergie appliquée à l'électron. Il prend connaissance en 1906 des articles d'Einstein sur le mouvement brownien et sur la relativité restreinte : convaincu par la façon dont celui-ci déduit l'équivalence masse-énergie de sa théorie, loin d'en concevoir une quelconque jalousie, il devient en France le principal diffuseur de la relativité dans les milieux scientifiques et universitaires. On peut regretter qu'il ne prenne pas le temps comme Laue d'écrire un manuel de relativité en français, alors qu'il était sans doute le seul à pouvoir le faire.

En matière d'articles scientifiques, Langevin apporte toutefois à la relativité une contribution au moins aussi importante, et peut-être plus novatrice que celle de Laue. En 1911, dans la revue italienne *Scientia*, il développe le fameux « paradoxe des jumeaux », original à la fois sur le fond comme sur la forme, puisqu'il s'agit d'une expérience de pensée (*Gedankenexperiment*), comme Einstein les affectionnait. Ce paradoxe apparent continue à être enseigné et discuté pour illustrer la relativité restreinte, et par ailleurs il jouera un rôle important dans les controverses qui auront lieu en France sur la relativité ; à ce double titre, il mérite qu'on s'y attarde.

Le « jumeau 1 » est au repos dans son référentiel, le « jumeau 2 » accomplit un trajet aller-retour à vitesse v et retrouve le référentiel de son jumeau à la fin du voyage (figure ci-après). Il s'agit donc de deux personnes (en l'occurrence des jumeaux) qui ont été dans des référentiels différents et qui finalement effectuent, *dans un même référentiel*, la comparaison de leurs temps propres.

De quelque manière qu'on prenne le sujet, le temps propre du jumeau 2 est inférieur au temps propre du jumeau 1 : $T_2 = T_1 \times \sqrt{\left(1 - \dfrac{v^2}{c^2}\right)}$. À la limite, quand le jumeau 2 voyage à la vitesse de la lumière (v = c), le temps ne passe plus pour lui. Dans l'espace euclidien traditionnel, le trajet ACB est plus long que le trajet AB direct :

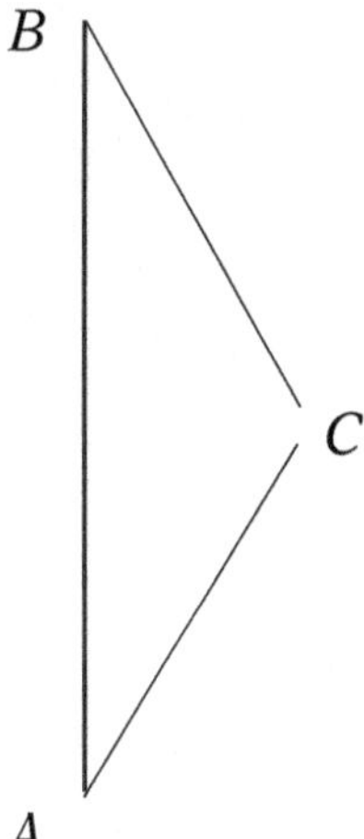

Diagramme d'espace-temps

on ne s'étonnera pas de voir le compteur kilométrique d'une voiture qui effectue le détour par C afficher un kilométrage supérieur à celui de la voiture qui effectue le trajet direct. Dans l'espace-temps de la relativité restreinte, c'est le compteur de temps du jumeau voyageant par ACB qui affiche un chiffre inférieur à celui du jumeau fixe : la ligne droite (situation du jumeau 1 qui immobile dans son référentiel trace une droite dans l'espace-temps) y est le plus long chemin pour aller d'un point à un autre.

Cette conséquence de la relativité restreinte, connue aussi sous le nom de « paradoxe des horloges », a été vérifiée de nombreuses fois. À présent, elle ne choque quasiment plus, par exemple pour le GPS qui correspond exactement à l'application de cette loi : l'horloge embarquée dans le satellite tournant autour de la Terre marque un temps propre inférieur à l'horloge terrestre ; quand on compare les deux temps *dans le référentiel terrestre,* on fait une correction nécessaire au bon fonctionnement du GPS. Pourtant, dès que le paradoxe des horloges est appliqué à des êtres humains, notamment des jumeaux, il ne cessera de susciter réticences et incompréhension.

VI

La physique européenne est donc à l'heure allemande entre 1870 et 1914. Parallèlement, la rivalité, voire l'antagonisme, entre les communautés scientifiques française et allemande croît, sur fond de concurrence économique exacerbée, puis de tensions nationalistes. Dans les sciences de la vie, la rivalité entre Louis Pasteur (1822–1895) et Robert Koch (1843–1910, prix Nobel de médecine 1905) avait déjà été forte. En mathématiques, nous avons évoqué l'opposition de Poincaré à la théorie des ensembles de Cantor. En physique, le débat scientifique n'avait pas lieu entre les deux pays, faute de combattants côté français.

La Première Guerre mondiale, où la France et l'Allemagne sont les deux principaux belligérants, allait renforcer ces antagonismes, sous la forme inattendue d'un violent débat entre scientifiques et clercs des deux pays. Elle commence en août 1914 et, dès le 4 octobre 1914, paraît un appel de quatre-vingt-treize intellectuels allemands intitulé *An die Kulturwelt, ein Aufruf,* dans lequel les signataires contestent que l'Allemagne soit à l'origine de la guerre, présentent l'empereur Guillaume II comme le « bouclier de la paix mondiale », et surtout affirment la solidarité de la culture et du combat allemands. Parmi les signataires, principalement scientifiques ou intellectuels, figurent les noms de Röntgen, Wien, Lenard, Nernst, Planck, Haber (soit trois prix Nobel et trois futurs prix

Nobel[1]). Einstein n'y figure pas, et mi-octobre 1914 paraît en écho un appel *Aufruf an die Europäer* (Appel aux Européens) dont il est signataire. Cet appel a moins de retentissement que l'appel dit « des 93 », mais il indique clairement la position pacifiste et anti-militariste d'Einstein pendant la Première Guerre mondiale.

À l'appel *An die Kuturwelt, ein Aufruf*, la France répond à la fois par des contributions individuelles de personnalités prestigieuses et par une campagne institutionnelle sous l'égide de l'Institut de France. Cette riposte vise à la fois la culture et la science allemandes. Les arguments semblent se concentrer sur cette dernière, et notamment sur la physique : ce n'est sans doute pas un hasard, compte tenu de la suprématie de la physique allemande et de son incompréhension totale par la grande majorité des scientifiques et lettrés français.

La relativité, encore très mal connue en France en 1914, apparaît parfois en filigrane, ou de manière plus visible, dans ces attaques contre la science allemande : et, déjà, ce sont surtout des non-physiciens qui adressent des critiques non scientifiques à la relativité.

Pierre Duhem, l'esprit de finesse...

Ancien élève de l'École normale supérieure, Pierre Duhem (1861-1916) est un scientifique et un philosophe de renom. En tant que scientifique, il laisse des contributions importantes en chimie. En tant que philosophe des sciences, son idée maîtresse est celle d'une science phénoménologiste, se limitant à l'explication des phénomènes observés : il ne peut y avoir de théorie scientifique qui explique la réalité si celle-ci n'est pas observable ou perceptible. Dans son livre *La Théorie physique, son objet, sa structure* (1906), il prend le

---

1. Cet appel est reproduit en Annexe 1 ; il faut sans doute le mettre en contexte de l'invasion de la Belgique dès le premier mois de guerre et des nombreux tués dans la population civile belge.

parti, suivant ce principe, d'un héliocentrisme *a minima*, c'est-à-dire s'accordant aux faits observés mais pas forcément à la réalité : pour lui, la physique ne communique pas avec la métaphysique.

Par ailleurs, Pierre Duhem était catholique fervent et, dans une époque d'engagements politiques marqués, le sien est sans ambiguïté : tout au long de sa vie, il est antidreyfusard, antirépublicain, lecteur de *La Libre Parole* du pamphlétaire antisémite Édouard Drumont. Il avait déjà pris des positions conservatrices dans la science, puisqu'il était un des contempteurs de « l'atomisme », ou théorie des atomes, que Rutherford puis surtout Bohr en 1913 avaient commencé à formaliser.

Dans son livre *La Science allemande*, écrit un an avant sa mort en 1915, Pierre Duhem tient des propos d'une grande virulence contre la physique allemande, et à travers elle contre la relativité. Il attribue aux savants français l'esprit de finesse, les comparant à l'architecte, et aux savants allemands l'esprit de géométrie qui étouffe l'esprit d'invention, les comparant au maçon. Le savant allemand part de principes bien nets, avance pas à pas, à « une allure que les règles de la logique déductive disciplinent avec une extrême sévérité » ; le savant français sent qu'aucune règle, aussi parfaite qu'on la suppose, ne s'étend à toutes les circonstances possibles, « c'est son privilège de poursuivre la recherche de la vérité là où toute règle est en défaut ». La science n'habite pas la vie et la conduite du savant ou de l'ingénieur allemand, elle est étrangère à leur vie quotidienne et personnelle : selon Duhem, qui n'a pas été déçu, en faisant sa connaissance, de la personnalité de tel savant allemand, aussi brillant soit-il ?

> « Le savant et l'homme, chez l'Allemand, ne sont que trop souvent étrangers l'un à l'autre. »

> « La science allemande fait bon marché des exigences du sens commun ; il ne lui déplaît pas de les heurter de front. »

> « Les idées se déduisent les unes des autres, fières de contredire au sens commun auquel elles n'ont rien emprunté [...], tel

est le spectacle que, bien souvent, nous présente aujourd'hui la physique d'outre-Rhin. »

Lorsque Duhem invoque la « physique d'outre-Rhin », c'est notamment la théorie de la relativité qu'il vise. En 1915, la mécanique quantique est balbutiante, elle n'a pas encore acquis son formalisme mathématique que lui donneront Heisenberg et Schrödinger en 1925 ; elle est quasi inconnue en France, elle n'a pas encore bénéficié des travaux de Louis de Broglie sur la mécanique ondulatoire (1923) qui « franciseront » cette science « d'outre-Rhin ». De fait, Duhem précise ses griefs contre la relativité : pour lui, la géométrie de l'Allemand Riemann (1854), qui sert de support mathématique à Einstein pour la relativité générale, est une « doctrine », une « Algèbre rigoureuse et non une vraie Géométrie ». Même quand les Allemands – censés n'avoir qu'un esprit de géométrie – font de la géométrie, tel Riemann, leurs travaux ne sont pas jugés par Duhem dignes de la géométrie. La salve finale du livre est expressément dirigée contre le principe de relativité, « tel que l'ont conçu un Einstein, un Max Abraham, un Minkowski, un Laue ». À cet égard, l'ensemble du raisonnement mené contre la science allemande paraît construit pour aboutir à cette conclusion sur la relativité :

> « Ce principe de relativité est si pleinement une création de l'esprit géométrique qu'on ne saurait, en langage ordinaire et sans recours aux formules algébriques, en donner un énoncé correct. »

> « Que le principe de relativité déconcerte toutes les intuitions du sens commun, ce n'est pas, bien au contraire, pour exciter contre lui la méfiance des physiciens allemands [...] une telle dévastation n'a rien qui puisse déplaire à la pensée germanique ; sur le terrain qu'elle aura déblayé des doctrines anciennes, l'esprit géométrique des Allemands s'en donnera à cœur joie de reconstruire toute une Physique dont le principe de relativité sera le fondement [...]. Si cette physique nouvelle,

dédaigneuse du sens commun, heurte tout ce que l'observation et l'expérience avaient permis de construire [...], la méthode purement déductive n'en sera que plus fière de l'inflexible rigueur avec laquelle elle aura suivi jusqu'au bout les conséquences ruineuses de son postulat. »

Duhem poursuit ses diatribes, la même année, dans l'opuscule que l'Institut de France consacre à l'Allemagne. Il y utilise un argument quasi racial, qu'on trouvera développé à l'envi par les physiciens « aryens » (voir chapitre XV) :

« Il y a une science allemande ; elle n'est pas simplement la collection des travaux accomplis par des savants allemands ; elle se distingue aussi, par un certain nombre de caractères, de la science des autres nations. »

« Il arrivera [à la science allemande] d'encombrer le domaine de la science d'un énorme et inutile fatras. »

Duhem utilise jusqu'à la corde la métaphore des *Pensées* de Blaise Pascal sur l'esprit de finesse et l'esprit de géométrie, largement dévoyée de son sens initial : pour Pascal – qui était le maître à penser de Duhem –, ces deux formes d'esprit étaient complémentaires. Pascal fait certes l'apologie de l'esprit de finesse, mais ne critique pas l'esprit de géométrie. Pour lui, le premier est « force d'esprit », le second « amplitude d'esprit », et la caractéristique du savant philosophe telle que Pascal la représente – et l'incarne lui-même – est d'allier les deux. Duhem détourne sans vergogne la pensée de Pascal pour fustiger l'esprit de géométrie en insistant lourdement sur une prétendue supériorité de l'esprit de finesse attribué aux Français :

« Un grave défaut d'esprit de finesse a laissé l'esprit de géométrie se développer à l'excès. »

« [l'Allemand] n'aura de repos qu'il n'ait emprisonné dans un corset de fer le sein fécond de la science. »

« Il attachera de si près sa vue de myope au plus infime détail
qu'il deviendra parfaitement incapable d'embrasser l'ensemble
d'un seul coup d'œil et d'en saisir le plan. »

« L'esprit de finesse distingue entre le respect qu'on doit au
maître et l'amour qu'on doit à la vérité ; là où la parole du maître enseignerait l'erreur, il sait rejeter l'enseignement reçu ; il
est capable de penser par lui-même et de découvrir ce qu'on ne
lui a point appris. »

En conclusion de cet opuscule, Duhem ouvre de nouveaux hori-
zons pour la fin de la guerre :

« Brisant alors les barreaux de la cage où, depuis longtemps,
elle était prisonnière, l'idée neuve, l'idée spontanée et indivi-
duelle, l'idée française, en toute liberté déploiera ses ailes et
prendra son vol. »

Duhem mourra prématurément un an plus tard, en 1916, en
pleine guerre mondiale. On peut regretter que son dernier ouvrage
soit celui qu'il consacre, en ces termes, à la science allemande.

Émile Picard et la langue de Goethe

Contemporain de Pierre Duhem, ancien major de l'École normale supérieure comme lui, le mathématicien Émile Picard (1856-
1941) mènera une longue carrière beaucoup plus parisienne et académique que lui. La grande rivalité scientifique de Duhem avec son
collègue chimiste Marcellin Berthelot (1827-1907), futur ministre, lui
vaudra d'être éloigné des cercles académiques et de mener une carrière relativement isolée ; il disparaît par ailleurs jeune, à cinquante-
cinq ans, comme d'autres grands scientifiques de l'époque[1]. Picard

---

1. Henri Becquerel meurt à cinquante-quatre ans en 1908 ; Henri Poincaré à
cinquante-huit ans en 1912.

jouera, lui, un rôle important de mandarin des institutions scientifiques françaises pendant un demi-siècle : il sera secrétaire perpétuel de l'Académie des sciences pendant un quart de siècle de 1917 jusqu'à sa mort, et entrera à l'Académie française en 1924. Il est professeur d'analyse à la Sorbonne, et professeur de mécanique à l'École centrale de 1895 à 1937, où il formera plusieurs milliers d'ingénieurs pendant quarante ans. C'est un mathématicien de grande envergure, issu de l'école d'Henri Poincaré, par ailleurs gendre du mathématicien Charles Hermite (1822-1901) ; jusqu'au début du XXe siècle, il produira des travaux d'analyse importants sur les fonctions complexes et les fonctions holomorphes. Par ailleurs, comme Duhem, Émile Picard est nationaliste et antidreyfusard : il participe au comité de lancement de la Ligue de la patrie française en janvier 1899.

Dans le cadre de la campagne antiallemande de l'Institut de France, Émile Picard publie en 1916 un opuscule au titre évocateur : *L'Histoire des sciences et les prétentions de la science allemande.* Il y dénie à l'Allemagne toute prédominance dans l'avancée des sciences sur les trois derniers siècles. Comme Duhem, il s'en prend aux travaux allemands de « géométries bizarres » – dont celle de Riemann qui sert de base à la relativité générale – et aux « symbolismes étranges » qualifiés d'exercices de logique formelle sans souci d'utilité. Remarquons que si, sur le premier point, Picard se démarque de son maître Poincaré (celui-ci, toujours curieux, avait étudié avec une grande fertilité les géométries non euclidiennes, laissant son nom au cercle hyperbolique de Poincaré), sur le second point Picard fait écho à l'hostilité de Poincaré envers l'école de mathématiques allemande, sa théorie des ensembles et sa codification de la logique mathématique.

Désignant explicitement la relativité, Picard estime qu'elle relève d'un « esprit de système » :

> « Des expériences en petit nombre, quelquefois contestables, conduirent à poser des principes dépassant tellement par leur généralité les faits dont on est parti qu'on peut les qualifier d'*a priori* ; on en déroule impitoyablement les conséquences sans

se soucier de les confronter avec la réalité ou sans pouvoir le faire. »

« Au lieu de continuer à faire des exercices de mathématiques et de développer des considérations d'ordre métaphysique, il vaudrait mieux tenter des expériences nouvelles d'un autre type que celles pour lesquelles la théorie a été construite. »

Pour Picard, un certain nombre de savants allemands « déroulent avec satisfaction » les conséquences du principe de relativité ainsi posé. Il fait ainsi une différence entre celui qui pose le principe (sous-entendu Einstein) et ceux qui en déroulent les conséquences : c'est une posture qu'on retrouve fréquemment chez les antirelativistes, déférents en apparence vis-à-vis d'Einstein pour mieux s'attaquer aux « einsteiniens ».

Dans l'opuscule de 1916 de l'Institut de France, Picard développe un certain nombre d'autres arguments, par exemple à propos de la productivité scientifique allemande :

« Il ne faut pas confondre l'augmentation du rendement scientifique et le progrès réel de la science. »

Déplorant leur « prodigieuse incapacité à mettre en lumière les idées essentielles », il fait part de sa difficulté à lire les articles des scientifiques allemands, et suppose que la langue de Goethe en est une des causes :

« Avec quel plaisir on revient, après la lecture d'un texte scientifique allemand, à un mémoire clair et lumineux de Lagrange. »

« Il se peut que la formation de mots composés, où le rapport entre composants est si mal défini, joue là un certain rôle. »

Dans la conclusion de son pamphlet, Picard, comme Duhem, se projette dans l'après-guerre ; il profère une menace qu'il mettra en

application en organisant le boycott de la science allemande après
la Première Guerre mondiale :

> « Nous arriverons à organiser avec nos alliés des congrès d'où
> l'Allemagne sera exclue, pour la raison que, par sa barbarie,
> elle s'est mise en dehors des nations civilisées. »

1915, *haro sur la science allemande*

Parallèlement à ces deux publications de Duhem et Picard, et
toujours en réponse à l'appel « *An die Kulturwelt* », paraissent à partir d'avril 1915 dans *Le Figaro* vingt-trois contributions de personnalités françaises de premier plan, placées sous l'égide de l'Institut de
France (qui regroupe les cinq académies du quai Conti). Étienne
Lamy (1845-1919), secrétaire perpétuel de l'Académie française de
1913 à sa mort, les regroupe dans un opuscule intitulé *Pour la vérité*,
où il inscrit en exergue :

> « Les Allemands ont pris pour devise : L'Allemagne au-dessus
> de tout[1]. Nous ne leur répondons pas la France au-dessus de
> tout. Une seule devise est digne de la France : Au-dessus de
> tout, la vérité. »

En 1916 paraît un autre opuscule, *Les Allemands et la Science*,
analogue à celui de l'Institut de France ; selon ses auteurs, il vient
même le compléter en donnant des exemples concrets des perver-
sions de la science allemande. Cet opuscule est placé sous l'égide du
pouvoir politique, puisqu'il est préfacé par Deschanel.

Paul-Émile Deschanel (1856-1922), depuis 1899 membre de
l'Académie française, est à l'époque président de la Chambre des
députés (1912-1920) ; il sera président de la République pendant
sept mois en 1920, élu au suffrage indirect contre Clemenceau. Il

---

1. C'est le fameux *Deutschland über alles*.

reste célèbre pour ses troubles mentaux : en mai 1920, tombant d'un train (!) dans le Loiret, il dit au cheminot qui le secourt : « Cher ami, je vais vous étonner, mais je suis le président de la République. » Comme l'indique pudiquement le site Internet de l'Assemblée nationale, il démissionne de la présidence de la République après sept mois d'exercice « pour raisons de santé ». Mais, en 1916, Deschanel est président de la Chambre des députés et, n'en doutons pas, encore en pleine possession de ses capacités mentales. Dans sa préface à l'ouvrage de l'Institut, ce distingué homme de lettres décrit le mécanisme de la démarche scientifique de l'Allemand :

> « À part certaines exceptions, les Germains ont surtout excellé dans la mise en valeur des découvertes réalisées par d'autres. »

> « C'est pour cela qu'il est si orgueilleux ; pour cela que, quand il a repris, trituré avec ses méthodes propres les idées fécondes qui lui viennent d'ailleurs, il s'imagine que ces idées sont à lui, que c'est lui qui les a conçues. »

Il nous donne le terme allemand qui symbolise ce labeur de ruminant des idées : « *bearbeiten* », terme bien sûr sans équivalent en français selon Deschanel, qu'on peut néanmoins tenter de traduire par « retravailler ».

Ce pamphlet bénéficie aussi de la contribution de quelques autres auteurs de marque : Maurice Barrès (1862-1923), qui signe un article intitulé « L'indignité des savants allemands », Charles Richet (1850-1935, prix Nobel de médecine 1913), Félix Le Dantec (1869-1917), professeur de biologie à la Sorbonne, qui signe un article intitulé « Le bluff de la science allemande ». Un grand savant britannique, Sir William Ramsay (1852-1916), prix Nobel de chimie 1904 pour la découverte des gaz rares, se commet dans cette brochure la dernière année de sa vie, prenant parti lui aussi pour « l'esprit de finesse » français.

Yves Delage (1854-1920), membre de l'Académie des sciences depuis 1901, professeur à la Sorbonne, met tout son talent de zoologiste au service de la cause, avec un titre des plus cocasses : *Histoire naturelle du* Doctus Bochensis *(olim germanicus), variété mal connue de l'espèce* Homo sapiens. Il s'en prend, dans la même veine, à un certain nombre de médecins allemands, et notamment à Freud :

> « Je dois donc dire que ce Dr Freud n'est pas, comme on dit vulgairement, de la petite bière. »

Pour Delage, les savants de l'« Austro-Bochie », quand ils sont mal partis, vont « jusqu'au bout de leur bêtise » :

> « Quand ils sont bien partis, ils vont jusqu'au bout, on ne peut qu'admirer la richesse de leurs déductions ; mais si par hasard ils sont mal partis, alors cela devient très dangereux, car avec leur œil myope et leur œil presbyte qui ne voient point les choses moyennes […]. »

Émile Boutroux (1845-1921), ancien élève de l'École normale supérieure, comme Picard et Duhem, brillant professeur agrégé de philosophie et fin connaisseur de la philosophie allemande, membre de l'Académie française depuis 1912, accuse le savant allemand de disposer des faits comme bon lui semble, et d'utiliser ses généralisations comme des axiomes incontestables :

> « Invoquez-vous tel fait ? le savant allemand vous démontre qu'il connaît ce fait mieux que vous, mais qu'il l'interprète, lui, en fonction du tout. Invoquez-vous le bon sens ? Le savant allemand vous prend en pitié : vous ignorez donc que scientifique veut dire pur de tout élément subjectif ! »

Il nous rappelle, par ailleurs, la méthode française :

> « Contact incessant de l'intelligence avec les faits, en même temps qu'activité incessante de l'intelligence : telle est la méthode. Les Allemands jugent une telle manière de faire trop subjective et trop humaine. »

Albert Dastre (1844-1917), membre de l'Académie des sciences depuis 1904, lui aussi ancien élève de l'École normale supérieure, à la fois agrégé de physique et docteur en médecine, titulaire de la chaire de physiologie générale à la Sorbonne, écrit ès qualités, en physiologiste rédigeant un article scientifique et citant les autres articles de ses collègues publiés dans le même ouvrage :

« En ce qui concerne l'esprit scientifique, les récentes études de Boutroux, Picard, Duhem ne laissent pas d'incertitude sur les principales caractéristiques du mécanisme cérébral des Allemands en comparaison avec le nôtre. »

Regrettant les « chiches citations » d'articles français dans les « riches bibliographies » des articles allemands, et déplorant la pratique allemande de « réclame commerciale » en matière de sciences, il en vient à pousser un cri de nostalgie d'homme du XIXe siècle, d'avant la société industrielle :

« La recherche scientifique n'a pas tardé à se corrompre, chemin faisant, au contact des intérêts matériels. Les institutions scientifiques ont perdu depuis vingt-cinq ans surtout leur affectation désintéressée. »

L'afflux des étudiants étrangers en Allemagne est stigmatisé comme un atout financier pour les universités et leurs professeurs, et a en outre « l'avantage d'inféoder politiquement de jeunes intelligences au moment où elles peuvent le mieux recevoir l'empreinte ». Dastre utilise un autre argument à contre-emploi dans le tableau d'une science allemande qu'il veut négatif, mais qui fait plutôt envie et dont on peut penser que la science française aurait pu s'inspirer :

« Enfin, l'industrie savante du livre et des périodiques a atteint, en Allemagne, un degré inouï de prospérité. »

Dastre conclut son article en qualifiant le peuple allemand d'une manière qui pourrait bien s'appliquer aux Français à la lecture d'un tel opuscule :

> « L'illusion d'un peuple d'orgueil, atteint d'une narcissomanie
> qui le fait tomber d'admiration devant sa propre image. »

La relativité telle le cubisme

Enfin, toujours en 1916, paraît un livre consistant, sous la plume de Pierre-Jean Achalme (1866-1936), *La Science des civilisés et la Science allemande*. Achalme est médecin et biologiste, son nom reste associé à la découverte en 1891 de *Clostridium perfringens*, bacille alimentaire toxique. Son livre traite de nombreux sujets relatifs à la science et à la médecine allemande ; le chapitre XII est entièrement consacré à la physique théorique. C'est, comme chez Duhem, une critique spécifique de la relativité :

> « Les relativistes dirigés par Einstein, Planck prennent le temps
> local de Lorentz non plus pour une fiction mathématique, mais
> pour une réalité. »

Achalme s'en prend au « sabotage de la géométrie » : comme pour Duhem, les Allemands, pourtant dotés de l'esprit de géométrie, sont par surcroît mauvais géomètres. Sa critique est aussi peu pertinente scientifiquement que philosophiquement :

> « Il est nécessaire d'ajouter une 4e coordonnée ct ou mieux
> encore, dans un dernier raffinement, $\sqrt{(1-ct)}$; nous ne som-
> mes pas éloignés de la 4e dimension de l'espace, digne d'inspi-
> rer un Jules Verne ou un Wells. »

Égratignant au passage la théorie des quanta de Planck qualifiée de délire mathématico-métaphysique, il exprime à l'égard de la rela-

tivité la même incompréhension qu'il éprouve à l'égard de l'art
moderne :

> « Le principe de relativité est la base d'une évolution scientifi-
> que qui ne peut être mieux comparée qu'au futurisme et au
> cubisme dans l'art. Tout ce qui peut se réclamer de la tradition
> et du bon sens est inexorablement piétiné. Le seul souci de
> cette école est de heurter et détruire. Plus les déductions sem-
> blent absurdes, plus elles lui apparaissent *kolossales* et supé-
> rieures aux vérités admises, et l'on se trouve bientôt en pré-
> sence d'un chaos où fusionnent en hurlant le concret et
> l'abstrait. »

VII

Parallèlement, un certain nombre de physiciens expérimentaux français, quand ils ne se désintéressent pas purement et simplement de la relativité, ne commenceront à s'y intéresser que beaucoup plus tard, lors de la visite d'Einstein à Paris en 1922 : ils émettront des critiques plus ou moins virulentes contre lui et ses théories. S'agissant de professeurs de grandes écoles ou d'universitaires de renom, ces positions avaient aussi un impact sur leurs étudiants, puisqu'ils persistaient à ne pas mentionner les résultats de la nouvelle physique, mécanique quantique ou relativité, dans leurs cours ou leurs manuels.

Ces positions des physiciens français – au mieux non intéressés par la relativité, aux pires critiques en termes polémiques – auront une conséquence majeure sur la contribution de la France à la relativité et sur sa diffusion dans le pays. Du point de vue de la science, la seule contribution majeure est celle de Paul Langevin en 1911. Du point de vue de l'enseignement scientifique, et donc de la formation de chercheurs, la relativité mettra du temps à se diffuser dans l'enseignement supérieur. On peut à cet égard s'inquiéter, avec Dominique Pestre, pour les étudiants en sciences et les futurs chercheurs sur la période 1910-1935 : « Jamais ils n'apprendront que la physique est en pleine mutation[1]. »

---

1. *In* Dominique Pestre, bibliographie [35].

Guillaume, le prix Nobel du mètre-étalon

On trouve un premier prix Nobel sur la route d'Albert Einstein, le physicien suisse Charles-Édouard Guillaume (1861-1938), qui fait toute sa carrière en France : il travaille au Bureau international des poids et mesures à Sèvres de 1883 à sa retraite en 1936, il en est directeur-adjoint en 1902 et directeur de 1915 à 1936. Il reçoit le prix Nobel de physique en 1920, un an avant Einstein. Il est récompensé pour avoir découvert les alliages dits « invar » et « elinvar », aciers spéciaux de haute qualité au nickel, ayant une propriété physique de très faible dilatation : ces alliages trouveront rapidement une application dans la confection de mécanismes de précision, et sont toujours couramment utilisés dans l'horlogerie, l'aéronautique et les satellites. L'alliage d'acier « invar » remplace le platine iridié – dont était fait le mètre-étalon – grâce à son coût beaucoup plus faible. Guillaume était d'ailleurs un spécialiste de ces sujets de mesure et de métrologie : il met au point ses matériaux dans le cadre d'une recherche appliquée du Bureau des poids et mesures avec des sociétés industrielles comme les aciéries d'Imphy, de Commentry, de Decazeville. Il pratique une physique d'ingénieur, une physique des matériaux, expérimentale et appliquée, très éloignée de la physique théorique et des nouvelles idées nées avec le XXe siècle...

Guillaume tient début avril 1922 une conférence sur la métrologie devant l'Association des étudiants de France, la même association qui avait accueilli quelques jours auparavant Langevin pour une conférence sur la relativité en présence d'Einstein. Il utilise une métaphore non dénuée d'humour pour comparer le travail du physicien théoricien (assimilé au cheval de course) et son travail de physicien expérimental (assimilé au cheval de trait) :

« Quand la course est achevée, que reste-t-il ? Un peu de poussière déplacée, un peu de bruit vite éteint, un peu d'argent déplacé ; mais là où a passé le cheval de charrue se lèvera demain la moisson nourricière[1]. »

Comme on le voit, c'est de manière feutrée que Guillaume prend à partie la relativité. Ces métaphores sont sans rapport avec les attaques d'autres prix Nobel que nous découvrirons. Cependant, tout oppose le prix Nobel de physique 1920 Guillaume et le prix Nobel de physique 1921 Einstein. Comment Charles-Édouard Guillaume, le citoyen né au pays des horloges, physicien expérimental, spécialiste de métrologie, découvreur de l'invar, pouvait-il imaginer que les notions sacro-saintes de distance et de temps, à la base de son métier de métrologiste, fussent mises en cause ? Et ce alors que son métal invar trouvait ses applications dans les objets sanctifiés de mesure précise de la distance comme le mètre-étalon, ou de mesure du temps comme les horloges suisses ! Il était évidemment difficile pour lui d'accepter avec la relativité restreinte la contraction des longueurs comme la pluralité des temps.

Bouasse, l'encyclopédiste de la physique

Autre physicien expérimental, et auteur de manuels universitaires réputés, Henri Bouasse (1866-1955, ENS 1885) sera à sa manière franche et directe beaucoup plus virulent contre Einstein et la relativité.

« Que la théorie d'Einstein, à laquelle je ne comprends rien, intéresse un professeur, passe. Mais on rencontre dans l'industrie tant de problèmes passionnants, que je m'étonne qu'au lieu de chercher à les résoudre, on s'occupe de la courbure du monde[2]. »

Bouasse est ancien élève de l'École normale supérieure, de la même génération que Painlevé et Picard. À leur différence, il est

---

1. Journal *Paris-Midi*, 5 avril 1922, cité dans Biezunski, bibliographie [23b].
2. Introduction à son manuel universitaire *Résistance des fluides* (1928).

physicien, et, surtout, il ne fréquente pas les académies ; il passe toute sa carrière comme professeur à l'université de Toulouse, de 1892 à 1937. Même s'il est isolé géographiquement et peu enclin aux mondanités académiques, il a néanmoins un impact réel sur la formation des étudiants dans la France entière : ses manuels de physique font référence à l'époque et servent de base aux études universitaires de physique jusqu'en 1940. C'est d'ailleurs une tâche assez révélatrice de la physique française à laquelle ce spécialiste d'hydrodynamique et d'acoustique consacre hors son magistère quarante années de sa vie, à savoir l'écriture de près de cinquante manuels de physique de cinq cents pages chacun : on ne peut s'empêcher de penser qu'au moment où la physique se spécialise, cette immense tâche émanant d'un seul homme paraît assez vaine. De fait, les manuels de Bouasse ne seront plus utilisés après guerre, au moment où l'école de physique française commence à se redresser avec la physique nucléaire. La vision de Bouasse a néanmoins jusqu'en 1940 un impact sur toute une génération d'étudiants en physique et de futurs professeurs ; à aucun moment ils ne font référence à la mécanique quantique ou à la relativité.

Rappelons au passage un propos devenu célèbre, mais rarement attribué à Bouasse son auteur. C'est en effet lui qui, dans un de ses livres (*Houle, rides, seiches et marées*, consacré à l'hydrodynamique, 1924), tient ces propos fameux sur l'invention du téléphone :

> « [...] la parfaite inutilité de cet outil pour un monsieur qui ne fait pas d'affaires, qui ne déteste pas la causerie, mais qui jouit des finesses du dialogue et de la voix. »

> « [je refuse] de parler devant une planche, et de recevoir dans le tuyau de l'oreille le râle d'un polichinelle agonisant où cent poêles bouillants graillonnent des pommes de terre frites. »

L'histoire du progrès technique, du chemin de fer au micro-ordinateur, est jalonnée de telles assertions. En cela, Bouasse s'inscrit clairement dans le dogme d'une science exclusivement naturaliste : la physique sert à la compréhension de la nature et non au progrès technique.

Concernant la relativité, Bouasse précise ses reproches dans un opuscule de 1925 intitulé *La Question préalable contre la théorie d'Einstein*. Il s'en prend d'abord à la presse, selon lui affidée à Einstein, et qui publie des « insanités » :

« Racontez des histoires à dormir debout aux lecteurs des quotidiens ; mais ne croyez pas nous en imposer : nous savons la physique et son histoire aussi bien que vous, sinon mieux. »

Pour Bouasse, si la théorie d'Einstein rencontre un tel succès, c'est parce que c'est une théorie métaphysique et non une théorie physique, et aussi parce qu'elle est incompréhensible, « double raison pour justifier son succès ». En tant qu'enseignant, il estime que la relativité ne peut servir à l'enseignement des faits acquis ; en tant que physicien expérimental, il estime qu'elle ne peut servir à la découverte des faits nouveaux :

« Nous ne pouvons être guidés dans la découverte par une théorie dont nous sommes incapables d'imaginer les conséquences. »

Le reproche de la mathématisation est aussi clairement exprimé, Bouasse raillant « les merveilles mathématiques de la théorie d'Einstein » ; dans un cri du cœur, il s'adresse aux relativistes :

« Vous n'avez pas la naïveté de croire que moi, physicien, je partirai de vos équations sans dire comment on les obtient et quelle en est la signification concrète ! »

« [...] nous, les physiciens de laboratoire, aurons le dernier mot : nous acceptons les théories qui nous sont commodes ; nous refusons celles que nous ne pouvons comprendre et qui par là même nous sont inutiles. »

En dehors de ces reproches traditionnels adressés à la relativité, mais formulés non sans un certain humour, Bouasse avance qu'on ne peut à la fois demander au cerveau humain de renoncer aux notions intuitives de temps et d'espace qu'il s'est forgées, et lui faire confiance quand il s'agit de comprendre une théorie complexe comme la relativité :

> « Je dis que les données intuitives de notre cerveau forment un bloc que vous n'avez pas le droit de diviser. Si vous en rejetez une partie, vous êtes fatalement conduit à rejeter le tout : ce qui supprime toute possibilité de connaissance. »

Ce sophisme constitue la « question préalable » titre de son ouvrage : sans réponse à cette question, Bouasse refuse toute discussion sur la théorie de la relativité... Par ailleurs, même si les faits expérimentaux venaient à confirmer la théorie d'Einstein, Bouasse en conclurait que les formules en sont correctes, mais pas la théorie elle-même. Car pour lui la relativité n'est pas une théorie physique, c'est de la métaphysique !

Lecornu, la mécanique et rien que la mécanique

Un autre exemple de physicien expérimental opposé à la relativité est Léon Lecornu (1854-1940). Il est ancien élève de l'École polytechnique (promotion 1872, comme Henri Becquerel), ingénieur au Corps des mines, professeur de mécanique à l'École des mines (1900) et à l'École polytechnique de 1904 à 1927, élu à l'Académie des sciences en 1910 (section de Mécanique). Même si ce n'est pas un scientifique de premier plan, c'est un enseignant et un physicien expérimental reconnu.

En février 1922, il présente devant ses collègues de l'Académie des sciences un mémoire intitulé *Quelques remarques sur la relativité*. Il commence par s'en prendre au livre de vulgarisation de Gaston Moch (1859-1935, X 1878), *Initiation aux théories d'Einstein,* un des rares ouvrages de vulgarisation scientifique en français : il est en effet plus facile de s'attaquer à la vulgarisation de la relativité, balbutiante et parfois erronée à l'époque, qu'à la relativité elle-même ! Lecornu souhaite rester dans le cadre de la mécanique newtonienne, qui est le domaine qu'il connaît, et formule l'hypothèse que le décalage du périhélie de Mercure pourrait être expliqué par une force inconnue, perpendiculaire à la vitesse :

> « C'est là un genre de forces que nous sommes habitués à rencontrer en mécanique, notamment dans la théorie de l'effet gyroscopique. »

Ce n'est rien de moins qu'une deuxième force du type de celle de Coriolis que nous propose ici Lecornu. Certes, le grand Newton lui-même n'avait pas eu l'intuition de la force que Coriolis met en évidence en 1835[1]. Mais Lecornu ne donne aucun début de preuve ou d'interprétation de la nouvelle force qu'il propose, à l'inverse de ce qu'avait fait à l'époque Coriolis pour la force éponyme. Il se place d'ailleurs entièrement dans le cadre de la mécanique classique et n'innove guère en imaginant une deuxième force de Coriolis, qui comme cette dernière aurait une direction perpendiculaire et une intensité proportionnelle à la vitesse ; il propose aussi une notation analogue à celle de Coriolis, la force ϕ... Lecornu rappelle aussi l'importance de l'éther et en l'attribuant à Gauss, moyen habile d'invoquer, comme avec Coriolis, de grands savants à l'appui de ses thèses. Il conclut à propos de sa nouvelle force ϕ dans une phrase incantatoire :

> « Les forces ϕ devraient être regardées comme des manifestations de la présence de l'éther, grâce auxquelles les phénomènes astronomiques s'expliqueraient par le principe de moindre contrainte, sans obliger l'intelligence humaine à sacrifier ses notions intuitives de l'espace et du temps. »

---

1. La force de Coriolis explique la rotation du pendule de Foucault autour de sa base, et l'effet gyroscopique.

La relativité
dans l'enseignement supérieur en France

Dans ce contexte, la diffusion de la relativité dans l'enseignement supérieur français sera très lente.

À l'École polytechnique, la première conférence sur la relativité est donnée aux élèves en 1921 par le physicien Jean Becquerel (1878-1953, X 1897), fils du prix Nobel Henri Becquerel. Jean Becquerel est le quatrième d'une grande lignée de scientifiques[1], tous professeurs au Muséum d'histoire naturelle (Jardin des Plantes). Jean Becquerel, à la différence de ses aïeux, ne fera pas de contribution majeure à la science, mais il sera enseignant de haut niveau. Physicien théoricien comme Langevin, il s'impliquera aussi dans la diffusion de la relativité par son cours à Polytechnique, ou en préfaçant des livres de vulgarisation.

Ce cours de Becquerel en 1921 reste toutefois une exception : un examen de l'enseignement de la physique à l'École polytechnique sur la période est révélatrice d'une défiance à l'égard de la relativité et de la mécanique quantique de la part des milieux scientifiques traditionnels, comme le corps enseignant de Polytechnique. On a déjà vu que Léon Lecornu, professeur de mécanique dans cette école, restait attaché à la mécanique newtonienne et était hostile à la relativité. La direction des études de l'École, en 1924, rend facultatifs les cours sur la relativité et l'atome de Bohr : une note du conseil des programmes de 1926 mentionne qu'« il ne sera soulevé aucune difficulté sur les principes de la mécanique ». Charles Fabry (1867-1945, X 1885), directeur de l'Institut d'optique en 1921, un des pontes de la physique française de l'époque, indique, en tant que professeur de physique à l'École polytechnique en 1926 :

---

1. Cette lignée commence par César Becquerel (1788-1878, X 1806) ; tous se spécialisent dans l'étude des minéraux fluorescents, ce qui vaudra à Henri Becquerel (1852-1908) la découverte de la radioactivité de l'uranium et son prix Nobel.

> « Notre programme de physique est déjà très chargé. Le point
> de vue expérimental doit y tenir la place prépondérante, et il
> importe de ne pas en faire un simple prolongement du cours de
> mathématiques[1]. »

La direction des études et Fabry visent implicitement la relativité sans la nommer ; ils limitent sa portée à la mécanique, ce qui montre une certaine incompréhension de la théorie ; ils reprennent les reproches traditionnels d'une science théorique et non expérimentale, plus proche des mathématiques que de la physique. De fait, conformément à ces positions, les cours des professeurs de physique Fabry et Bruhat dans les années 1920 et 1930 n'enseignent que les débuts de la mécanique quantique, sans le formalisme que lui donneront Schrödinger et Heisenberg en 1925. L'électromagnétisme de Maxwell (1865), la relativité d'Einstein (1905 et 1916) sont absents des cours.

À l'université, la situation n'est guère plus brillante. On a vu la position de Bouasse et l'influence de ses manuels de physique dans l'enseignement supérieur. Il faut attendre les années 1930 pour qu'une nouvelle génération de jeunes professeurs d'université constitue des îlots d'enseignement de la physique théorique, de la relativité et de la mécanique quantique : Jean Cabannes (1885-1959, ENS 1906) à l'université de Montpellier, Alfred Kastler (1902-1984, ENS 1921, prix Nobel de physique 1966) à l'université de Bordeaux, Yves Rocard (1903-1992, ENS 1922) à l'université de Clermont-Ferrand.

À l'École polytechnique, il faudra attendre les cours de Leprince-Ringuet (1937) pour voir réapparaître la relativité dans les cours. Louis Leprince-Ringuet (1901-2000, X 1920), élève de Maurice de Broglie, remplace en effet Charles Fabry à Polytechnique et, professeur à temps plein à l'inverse de Fabry – pendant une longue période de trente ans de 1939 à 1969 –, il marque toute une génération de polytechniciens en rénovant totalement l'enseignement de la physique. Cette rénovation portera ses fruits après guerre,

---

1. Cité dans Dominique Pestre, bibliographie [35].

lorsqu'une nouvelle génération de scientifiques apparaîtra (physiciens atomistes notamment), l'École polytechnique retrouvant dans la science et la recherche française une place qu'elle avait perdue après 1870. L'influence d'un homme seul, Leprince-Ringuet, a ainsi été déterminante, comme cela peut parfois arriver.

Mathématiciens, philosophes et mandarins

VIII

> *Ceux qui aiment l'analyse verront avec plaisir la mécanique en devenir une nouvelle branche, et me sauront gré d'en avoir ainsi étendu le domaine.*
>
> LAGRANGE, *Mécanique analytique*, 1788

La relativité s'applique à des concepts physiques comme la vitesse de la lumière, la mesure du temps et des distances, la structure de l'espace. Elle fait partie intégrante de la physique : à aucun moment Einstein n'en fait une théorie métaphysique ou philosophique. Par ailleurs, même si la relativité générale – à la différence de la relativité restreinte – utilise des outils mathématiques sophistiqués, elle ne fait pas partie des mathématiques, comme certains de ses détracteurs voudraient l'y cantonner ; Einstein n'était d'ailleurs pas un mathématicien. C'est donc parmi les physiciens que la relativité doit être en priorité diffusée, discutée, enseignée, le cas échéant critiquée.

On a vu qu'en France l'absence quasi totale de physique théorique depuis 1870 ne permet pas la diffusion de la relativité parmi les physiciens et la ralentit parmi les étudiants et futurs chercheurs. Mais, curieusement, l'école française de mathématiques et celle de philosophie, toutes deux brillantes, vont s'emparer de la relativité, et, sans y faire aucun apport scientifique, vont en discuter à contre-emploi, à contretemps, et à contresens. À contre-emploi, parce qu'au moment où la science se spécialise, ce n'est pas aux mathématiciens, *a fortiori* aux philosophes, de mener ce débat. À contretemps, parce que c'est la célébrité mondiale donnée à Einstein en 1920 qui les fait réagir, quinze ans après la relativité restreinte, cinq ans après la relativité générale. À contresens enfin, parce qu'on est surpris de l'inanité de l'argumentation, lorsqu'elle existe et n'est pas pure pétition de principe.

Une mathématique française omnipotente et mécaniste

À l'inverse de la physique française, l'école de mathématique française reste comme on l'a vu de très haut niveau entre 1870 et 1940. Malgré la disparition prématurée d'Henri Poincaré, elle obtient d'importants résultats en analyse, dans la lignée des Galois, Cauchy, Fourier et Liouville du siècle précédent, et des Laplace, Lagrange de la fin du XVIIIe siècle. Au sein de cette école, deux élèves et disciples d'Henri Poincaré, tous deux académiciens des sciences, Émile Picard (1856-1941) et Paul Painlevé (1863-1933), prennent position contre la relativité en se plaçant principalement d'un point de vue mathématique. D'autres mathématiciens tout aussi prestigieux de l'époque, Paul Appell (1855-1930, ENS 1873), Élie Cartan (1869-1951, ENS 1888), Émile Borel (1871-1956, ENS 1891), Henri Lebesgue (1875-1941, ENS 1894) ne s'aventurent pas dans une critique de la relativité. Élie Cartan contribuera même dès 1922 à affiner certains outils mathématiques de la relativité générale ; il introduira en effet un coefficient de torsion dans les tenseurs de Ricci, étendant ainsi la géométrie riemanienne de la relativité générale, qui deviendra la géométrie de Riemann-Cartan.

Notons qu'à l'inverse de ces derniers qui restent mathématiciens, Painlevé comme Picard ne font pas toute leur carrière dans les mathématiques pures et deviennent professeurs de mécanique : Painlevé l'est par intermittence de 1905 à 1933 à l'École polytechnique et à la Sorbonne, et, esprit éclectique, se passionnera aussi pour la physique appliquée à l'aéronautique ; Picard est professeur de mécanique à l'École centrale dès 1894 et pour quarante ans. La mécanique est en effet considérée comme un sous-produit des mathématiques, et Painlevé comme Picard en resteront à une compréhension mécaniste de la physique. Cette compréhension mécaniste – au sens de la primauté donnée aux notions newtoniennes de point matériel, de force, de mouvement – était parfaitement cohérente avec l'analyse et les systèmes différentiels dans lesquels les mathématiciens français excellaient. L'analyse de Laplace, et sa philosophie déterministe, était un outil de choix pour la mécanique de Newton, et au pays de Descartes la mécanique dite « rationnelle » prospérait avec les mathématiques, presque en tant que simple branche de l'analyse, dans l'esprit de la phrase de Lagrange placée en exergue.

Il y avait toutefois un revers à la médaille : cette compréhension mécaniste de la physique était totalement indépendante des autres branches de la physique, en pleine ébullition. Les mathématiciens français étaient très peu informés de l'électromagnétisme et des impasses physiques de la fin du XIXe siècle. En Allemagne, mathématiciens et physiciens travaillaient ensemble à l'élaboration de la physique théorique : rien de tel en France où les deux écoles de mathématiques et de physique ne menaient aucun dialogue.

Painlevé, savant en politique, ou homme politique dans la science ?

Paul Painlevé (1863-1933, ENS) reste un des hommes politiques les plus connus de la IIIe République, même si son image est brouillée, compte tenu de son positionnement politique parfois mouvant. On sait moins que jusqu'en 1903 c'est un normalien, mathématicien de très haut niveau : il est spécialiste d'analyse différentielle, et plus précisément des singularités des systèmes différen-tiels[1], ce qui jouera un rôle dans son approche mathématique de la relativité. Élu à l'Académie des sciences en 1900, il s'oriente vers la science appliquée à partir de 1903, notamment vers l'aéronautique ; il est par ailleurs nommé professeur de mécanique à l'École poly-technique en 1905, chaire qu'il occupera par éclipses compte tenu de sa carrière politique, mais qu'il conservera jusqu'à sa mort trente ans plus tard. Il commence sa carrière politique après avoir témoi-gné au procès Dreyfus de la Cour de cassation en 1906 ; il est élu en 1910 député du Ve arrondissement de Paris, devient ministre de l'Instruction publique en 1915, ministre de la Guerre en 1917, briè-vement président du Conseil de septembre à novembre 1917, où il est remplacé par Clemenceau qui marquera plus les esprits. Après une pause, il reprend sa carrière politique en mai 1924 comme ins-tigateur du Cartel des gauches, devient président de la Chambre des députés, puis brièvement de nouveau président du Conseil d'avril à novembre 1925, ministre de la Guerre de 1925 à 1929, sous le gou-vernement de gauche de Briand puis sous le gouvernement de droite de Raymond Poincaré. Événement rare, il sera enterré au Panthéon immédiatement après sa mort en 1933 ; la place située en face de l'entrée d'honneur de la Sorbonne à Paris porte son nom.

Painlevé fait une pause forcée dans sa carrière politique entre 1917 et 1924 : c'est pendant cette période qu'il s'intéresse à la relati-vité et, comme la plupart, après que la relativité a connu la célébrité mondiale fin 1919. Plus précisément, pendant une brève période allant d'octobre 1921 à mai 1922, Painlevé remet quatre notes criti-ques sur la théorie de la relativité à l'Académie des sciences. Dans sa première et courte note du 24 octobre 1921, il émet des apprécia-tions assez agressives envers la relativité et les « einsteiniens » ; ces jugements de valeur n'apportent rien et affaiblissent son argumenta-tion de fond, qu'il développera de manière beaucoup plus précise et sans ces scories dans les notes suivantes de novembre 1921 et de

---

1. Il met en évidence dans la résolution de systèmes différentiels des classes de solutions appelées « transcendantes de Painlevé ».

mai 1922. Ces jugements de valeur sont assez révélateurs de la perception de la relativité par le monde académique français :

> « Il subsistera de ces doctrines un corps de formules qui sans la contredire se fondra dans la science classique, mais ne subsisteront pas les principes ou conséquences philosophico-scientifiques qui ont été, suivant les jugements, le scandale ou le miracle de la théorie de la relativité. »

On voit de nouveau la relativité attaquée pour ce qu'elle n'est pas, à savoir un « principe philosophico-scientifique ». Que signifie d'ailleurs un tel principe ? Est-ce de la philosophie ou de la science ? Painlevé poursuit en octobre 1921 cette confusion des genres en mêlant un concept scientifique – le ds^2 de la métrique relativiste[1] – à des appréciations subjectives qui n'ont rien de scientifique :

> « Or on sait que pour les einsteiniens, le ds^2 a une signification mystique et universelle, contraignant tous les phénomènes à se couler dans une sorte de forme espace-temps comme l'eau dans un vase. »

> « Ma conclusion c'est que c'est pure imagination de prétendre tirer du ds^2 des conséquences de cette nature. »

Ses analyses suivantes sont beaucoup plus précises : Langevin ironisera d'ailleurs en remarquant que c'est l'habitude de la politique qui aura conduit Painlevé à se prononcer sur la relativité avant de l'étudier... Toujours est-il que sa note de novembre 1921 est cette fois-ci un vrai article scientifique, dans lequel disparaissent les jugements de valeur ci-dessus, et où sont discutées les solutions des équations de la relativité générale données par Einstein en 1915

---

1. Le ds^2 représente la distance infinitésimale dans l'espace ou l'espace-temps ; dans l'espace euclidien $ds^2 = dx^2 + dy^2 + dz^2$; dans l'espace-temps de la relativité restreinte $ds^2 = dx^2 + dy^2 + dz^2 - c^2dt^2$; dans l'espace-temps de la relativité générale, $ds^2 = \Sigma\, g_{\mu\nu}\, dx^\mu\, dx^\nu$.

(dites « équations d'Einstein »). En exposant ces équations, Einstein avait fait le calcul, de manière approchée mais suffisante, de l'avance du périhélie de Mercure, premier test de la relativité générale. Mais il ne calcula pas la solution exacte de ses équations : c'est Karl Schwarzschild (1873-1916), astrophysicien allemand, qui trouva une solution des équations d'Einstein à l'extérieur d'une étoile sphérique. La coopération entre les deux savants est d'ailleurs franche et ouverte, puisque Einstein écrit le 9 janvier 1916 à Schwarzschild qu'il ne pensait pas qu'on puisse si aisément formuler la solution exacte du problème, et que son traitement mathématique de la question lui plaisait énormément[1] ; de fait, Einstein présenta les travaux de son collègue astrophysicien quelques jours plus tard à l'Académie des sciences de Prusse, quatre mois avant que Schwarzschild ne décède prématurément pendant la Première Guerre mondiale des suites d'une maladie contractée sur le front russe. La solution de Schwarzschild comprenait une singularité mathématique dans le cas particulier d'une étoile très dense, qui ne pouvait être expliquée à l'époque, l'astrophysique étant balbutiante ; cette singularité ne donnera naissance que bien plus tard au concept fécond de trou noir, à savoir une étoile très dense où mathématiquement le résultat des équations d'Einstein s'inverse, et qui physiquement capte tous les rayons lumineux.

C'est précisément cette singularité dans les solutions des équations différentielles d'Einstein que Painlevé, mathématicien spécialiste de ces singularités, ne peut accepter. Il propose dans sa note de novembre 1921 une autre métrique ds^2 solution des équations d'Einstein, et il qualifie sa solution de « théorie semi-einsteinienne de la gravitation ». La solution de Painlevé – à la différence de celle de Schwarzschild – n'a pas cette singularité que le *bon sens* refusait d'accepter. Si certains physiciens et philosophes refusaient la relativité restreinte au motif qu'elle heurtait le bon sens, la position du mathématicien Painlevé est originale, invoquant de son côté le bon

---

1. Lettre d'Einstein à Schwarzschild, 9 janvier 1916, citée dans Eisenstaedt, bibliographie [64b].

sens – non contre la relativité restreinte –, mais contre la relativité générale, la singularité de Schwarzschild et le futur concept de trou noir... Le point culminant de ce différend sur la meilleure solution possible des équations d'Einstein a lieu pendant le voyage d'Einstein à Paris, lors de la conférence qu'il donne au Collège de France le 5 avril 1922. Painlevé, aidé par son collègue mathématicien Jacques Hadamard (1865-1963), ouvre le débat sur la singularité de Schwarzschild, que les participants à ce débat français appelaient « la catastrophe Hadamard ». Au cours de ce débat, Einstein prend le dessus sur Painlevé, et celui-ci se rallie à la relativité.

L'historien de la relativité Jean Eisenstaedt qualifiera Painlevé de « piètre relativiste » ; Einstein écrivit à son ami Michele Besso que Painlevé n'avait « rien compris à la relativité ». Mais ce qu'illustre surtout l'exemple de Painlevé, c'est l'approche avant tout mathématique de la relativité générale par ces mathématiciens français, similaire à celle qu'avait eue leur aîné Poincaré pour la relativité restreinte ; elle est éloignée de l'approche de physicien qu'a Einstein du sujet, qui manque à Painlevé comme à Poincaré. Elle est *a fortiori* encore plus éloignée de l'approche d'astrophysicien qu'a Schwarzschild, que même Einstein n'avait pas eue par manque d'expérience. Elle démontre, puisque Painlevé était passé à quarante ans des mathématiques pures à la mécanique, une conception physique très liée à la mécanique newtonienne et à l'espace euclidien – une conception « mécaniste » – que Painlevé ne peut remettre en cause et qui transparaît dans tous ses écrits. Elle est explicite quand il qualifie la relativité de « corps de formules qui sans la contredire se fondra dans la science classique », sous-entendu dans la mécanique newtonienne. Mais on peut accorder à Painlevé une certaine intuition sur le sujet de la relativité : sa solution des équations d'Einstein, connue maintenant comme « système de coordonnées de Painlevé-Gullstrand[1] », a été redécouverte au

---

1. Du nom d'Allvar Gullstrand (1862-1930), prix Nobel de médecine 1911, par ailleurs physicien suédois, qui découvre la même solution que Painlevé à peu près en même temps. On retrouvera au chapitre suivant Gullstrand s'opposant à Einstein et à l'attribution à ce dernier d'un prix Nobel.

moment où la relativité générale a connu une seconde jeunesse à partir des années 1960. Ce système est utilisé par les physiciens pour faire dans certains cas particuliers des calculs relativistes approchés. Il est aussi mis en avant par les rares physiciens qui acceptent la relativité générale mais refusent la notion de trou noir.

Picard de nouveau, académicien et mandarin

En dehors de leur carrière qui fut différente, les deux mathématiciens Painlevé et Picard n'avaient pas les mêmes opinions politiques. Quoique tardivement, Painlevé devint dreyfusard, témoignant comme scientifique à la barre du procès de la Cour de cassation en 1906 ; c'était par ailleurs un homme politique de centre gauche. Comme on l'a vu au chapitre VI à propos de ses opinions antiallemandes en 1916, Picard, lui, était nationaliste et antidreyfusard, et avait des opinions conservatrices marquées. Les relations entre Painlevé et Picard avaient sans doute une certaine complexité : Picard avait été le maître de thèse de Painlevé, mais Painlevé avait eu une brillante carrière politique jusqu'à atteindre la présidence du Conseil ; il n'est pas à exclure qu'en 1921, une certaine déférence vis-à-vis de Painlevé, ancien président du Conseil, anime Picard. Toujours est-il qu'à cette date, il emboîte le pas à Painlevé, et fait une communication à l'Académie des sciences pour le moins sceptique vis-à-vis de la relativité. Cette communication est subtilement balancée, à l'image de la personnalité de Picard, comme en témoignent les phrases suivantes :

> « J'ai voulu tout d'abord rester narrateur impartial, n'ayant pas encore une opinion sur la place que réservera l'avenir à l'édifice[1], si séduisant par certains côtés, construit par Einstein, et

---

1. Comme s'il fallait, pour endosser et développer une théorie scientifique, savoir à l'avance « la place que l'avenir lui réservera » : manque de hardiesse sans doute révélateur de la démarche scientifique du mandarin Picard...

me demandant si c'est un progrès de chercher à ramener la physique à la géométrie. »

« Pour que la physique s'engage définitivement dans la voie ouverte par la théorie de la relativité, il faudra probablement que de nombreuses expériences d'un caractère positif aient été effectuées dans les laboratoires. »

Employant des locutions emphatiques comme « ceux que ne fascine pas une certaine mystique de la relativité », et ne donnant, à l'inverse de Painlevé, aucun argument scientifique à l'appui de sa position, il conclut ce premier article sans ambiguïté :

« L'avenir dira dans quelle mesure les idées nouvelles, si elles reçoivent de nouvelles confirmations expérimentales, pourront s'incorporer dans ce bon sens moyen de l'humanité [...] Sans cet accord, il n'y a que scepticisme ; c'est un écueil que n'ont pas toujours évité les théoriciens de la physique. »

À la cinquantaine, après de brillants, précoces et abondants résultats mathématiques (soixante communications d'analyse à l'Académie entre 1877 et 1913, le rythme se ralentit ensuite), Picard se tourne vers le professorat à l'École centrale et vers l'histoire des sciences, où il manifeste une brillante culture ; il s'investit par ailleurs à l'Académie des sciences, en tant que secrétaire perpétuel de 1917 à sa mort en 1941. Il est le modèle même de l'académisme en sciences, comme on emploie cette expression en peinture : contrairement à son maître Poincaré, et au rebours total d'Einstein, il n'est en rien novateur dans son approche de la science. En tant que secrétaire perpétuel, il excellera dans les éloges prononcés à l'occasion de la mort d'un académicien (Darboux, Duhem, sans oublier son élève Painlevé) ou pour l'anniversaire de la mort d'un académicien plus ancien (Biot, Fizeau). Dans l'éloge funèbre qu'il prononce en 1935 pour Michelson (1851-1931, prix Nobel de physique 1907), physicien américain, membre associé de l'Académie des sciences, on trouve ce coup de griffe contre Einstein et la relativité, fréquent chez les antirelativistes qui utilisent Michelson contre Einstein :

> « Michelson n'avait rien de ces théoriciens, pour qui le monde se réduit à un ensemble de formules mathématiques. »

Picard restera toute sa vie sceptique à l'égard de la relativité. Il est intéressant de constater, quatre-vingts ans plus tard, comment cette réalité historique est transformée ou refoulée : le site Internet de l'Académie des sciences comme celui de l'Académie française, où Picard est élu en 1924 – et par conséquent de nombreux autres sites Internet – mentionnent curieusement que Picard « fut l'un des premiers défenseurs des théories d'Einstein », ce qui est faux. Il est pourtant un témoin de choix auquel les Académies pourraient faire appel, c'est justement le successeur de Picard au secrétariat perpétuel de l'Académie des sciences en 1942, Louis de Broglie (1892-1987, prix Nobel de physique 1929). Dans l'hommage[1] à Picard qu'il prononce le 21 décembre 1942 en séance publique de l'Académie des sciences, il n'oublie pas de rappeler en termes diplomatiques, parmi de multiples éloges, que Picard « n'était pas un partisan très chaud » de la relativité. Louis de Broglie se souviendra d'ailleurs longtemps de cette position de Picard vis-à-vis de la relativité : il indiquera en 1978 à un correspondant de l'Académie[2] que « Picard était hostile à Einstein et à la relativité ».

---

1. Bibliographie [24], http://www.academie-sciences.fr/membres/in_memoriam/Picard/Picard_od1.htm
2. Source dossier Einstein, Académie des sciences, deux mentions de cette opinion de L. de Broglie.

IX

Une grande ébullition est suscitée en France par les résultats de l'éclipse de 1919. Elle trouvera son paroxysme lors de la visite d'Einstein à Paris du 31 mars au 6 avril 1922. La relativité va faire l'objet pendant la période 1919-1922 de diverses communications, critiques, sans qu'elle ait toujours donné lieu à une étude approfondie. Chacun essaiera de tirer la théorie physique de la relativité vers son domaine – les mathématiques, la philosophie, voire la médecine. Sans doute le traitement accordé par la grande presse à la relativité à partir de fin 1919 provoque cette réaction, obligeant chacun à une étude souvent sommaire d'une théorie qui avait déjà bénéficié de treize ans de développement scientifique de haut niveau en Allemagne et en Angleterre (entre l'article de 1905 d'Einstein sur la relativité restreinte et celui de 1918 sur les ondes gravitationnelles).

L'Académie des sciences, par le truchement des « communications », sera une tribune de choix pour ces apprentis relativistes, voire pour ces antirelativistes : mathématiciens (communications de Painlevé et Picard, chapitre VIII), physiciens (communication de Lecornu, chapitre VII), et même médecins. Entre 1908 et 1933, on dénombre près de soixante-dix communications à l'Académie[1] sur la

---

1. Dans le cadre de l'Année de la physique 2005, l'Académie a fait courageusement figurer sur son site Internet la plupart de ces communications sous le titre *Notes*

relativité d'Einstein, dont plus de la moitié sur les trois années 1921, 1922 et 1923. L'Académie des sciences se paiera même le luxe de boycotter la visite d'Einstein à Paris. On avait déjà vu son rôle, et celui de l'Institut de France dont elle fait partie, en 1915 lors de la campagne contre la « science allemande » ; on retrouvera plus tard une certaine perméabilité de l'Académie des sciences à des communications antirelativistes (Allais, 1958 et 2003, chapitre XX), voire à l'alterscience[1].

Charles Richet, un prix Nobel de médecine se pique de relativité

Parmi ces communications à l'Académie des sciences sur la relativité de 1921 à 1923, relevons celle du médecin Charles Richet (1850-1935), professeur de physiologie à la faculté de médecine, prix Nobel de médecine en 1913 pour son travail sur l'anaphylaxie ; Richet donnera son nom à de nombreux hôpitaux français. C'est un esprit curieux, il invente la « métapsychie », qu'on appellerait parapsychologie de nos jours : de nombreux sites Internet de parapsychologie lui rendent hommage. Il est aussi eugéniste, adepte de la théorie des races, comme le médecin français qui avait obtenu le prix Nobel l'année précédente, Alexis Carrel[2]. Dans les deux premiers chapitres de son livre *L'Homme stupide* (1919), successivement intitulés « Les Noirs », puis « Les Jaunes et les Rouges », Charles Richet expose sa conception de la théorie des races :

---

sur les travaux d'Einstein publiées dans les Comptes rendus hebdomadaires des séances de l'Académie des sciences par ses contemporains.

1. *Cf.* Valérie Lécuyer, « Le créationnisme sous la Coupole ? Autopsie d'une imposture », *Intrusions spiritualistes et impostures intellectuelles en sciences*, dir. J. Dubessy et G. Lecointre, Éditions Syllepses, 2003.
2. Alexis Carrel (1873-1944), prix Nobel de médecine 1912, passera l'essentiel de sa carrière académique aux États-Unis, sauf à partir de 1940 où il rentre en France et participe à la politique du gouvernement de Vichy sur les races. Il est directeur de la Fondation Carrel pour l'étude des problèmes humains créée par Vichy en 1941.

« Voici à peu près trente mille ans qu'il y a des Noirs en Afrique, et pendant ces trente mille ans ils n'ont pu aboutir à rien qui les élève au-dessus des singes. [...] Ils continuent, même au milieu des Blancs, à vivre une existence végétative, sans rien produire que de l'acide carbonique et de l'urée. [...] Donc les tortues, les écureuils et les singes sont bien au-dessus des nègres, dans la hiérarchie des intelligences. »

« Je ne m'occuperai guère non plus des Peaux-Rouges et des Chinois, représentants médiocres de l'espèce humaine. [...] Quant aux Jaunes qui grouillent dans toute l'Asie, et couvrent la moitié de la terre, leurs sociétés ont les mêmes tares douloureuses que nos sociétés européennes. Ils ne relèvent guère le niveau humain. Ils sont petits, laids et n'ont pas pu sortir de la demi-barbarie qu'ils avaient conquise il y a très longtemps. Maintenant les voici qui imitent les Blancs. Ils ont adopté notre service militaire, nos machines, nos institutions, nos Codes et nos laboratoires ; car ils ont la faiblesse de nous admirer, et sont à peine capables d'invention. »

Charles Richet est une personnalité influente de la diffusion des résultats de la science en France, en tant qu'éditeur de la *Revue scientifique* de 1878 à 1902. Il est raciste sans être antisémite et sera par ailleurs un fervent dreyfusard.

Sur la relativité, il présente à l'Académie des sciences deux notes en novembre et décembre 1921, où il adopte un point de vue de physiologiste sur la notion du temps. Dans le chapitre suivant, le « temps des philosophes » de Bergson sera opposé au « temps des physiciens » d'Einstein, Richet introduit ici « le temps des médecins ». Dans sa première note, titrée « Une illusion optique dans l'appréciation de la vitesse », il précise qu'il n'a pas « la prétention injustifiée d'entrer le moins du monde dans l'étude de la relativité », précaution rhétorique puisqu'il le fait. Il introduit un paradoxe apparent, en contradiction selon lui avec le principe de relativité de Galilée (loi d'addition des vitesses) : lorsqu'on marche sur le pont d'un bateau vers l'arrière, on a l'impression que l'écume s'éloigne plus vite, c'est-à-dire que le bateau va plus vite ; lorsqu'on marche sur le pont d'un bateau vers l'avant, on a l'impression que le bateau va moins vite.

> « C'est un très singulier paradoxe qui montre l'absolue relativité de notre perception des vitesses. »

Richet essaie laborieusement d'expliquer cette perception. Selon lui, lorsque vous marchez dans la rue à une vitesse v, vous ne percevez pas le sol glisser à une vitesse (– v) sous vos pieds : votre perception sensorielle compenserait le principe de Galilée par une vitesse v′ qui se trouverait être supérieure à v. Ainsi, sur le bateau qui va à la vitesse V, lorsqu'on marche vers l'avant, on a l'impression que le bateau va moins vite, à la vitesse V – (v′ – v), et lorsqu'on marche vers l'arrière, on a l'impression que le bateau va plus vite, à la vitesse V + (v′ – v) !

> « Voilà pourquoi, en marchant sur le pont d'un navire en sens inverse du bateau, on croit irrésistiblement progresser plus vite (par rapport à la mer) que si l'on marche dans le même sens que l'avance du navire. »

Après avoir exposé ce point de vue physiologiste remettant en cause le principe de relativité de Galilée, Charles Richet nous donne, dans sa seconde note, un éclairage analogue à propos de la relativité d'Einstein. Il définit une forme de temps selon lui absolu : le temps physiologique. Ainsi le nombre de syllabes maximal qui peut être prononcé par un être humain est 12 par seconde, selon les nombreuses expériences de Richet : il en déduit que cette fréquence de 0,085 Hz (12 pulsations/seconde) définit une « unité psychologique du temps ». Il donne un deuxième exemple, pour lui, de la réalité d'un temps absolu : c'est le temps biologique, tel qu'il se trouve défini par la durée de vie d'une cellule, d'un organisme, d'un être humain. Pour lui, ce concept de temps biologique est une réalité et non une abstraction :

« La mesure du temps considéré psychologiquement et physiologiquement est donc indépendante de toute hypothèse. J'oserais même dire qu'elle est supérieure à toute hypothèse, puisqu'elle est liée indissolublement à la fonction de nos organes et au jeu de notre conscience. Elle fait partie intégrante de notre humanité. »

Richet, en tant que médecin, veut marquer son domaine dans le débat ouvert en 1922 sur la définition du temps : la médecine, elle aussi, peut définir le temps. Comme les philosophes qui s'attachent au maintien d'un « temps absolu » (chapitre X), Richet essaye laborieusement de montrer que, pour la médecine aussi, il existe un « temps absolu », physiologique celui-là.

Boycott d'Einstein par l'Académie des sciences

Einstein vient à Paris du 30 mars au 10 avril 1922, après les voyages qu'il avait faits à Londres et aux États-Unis en 1921. Langevin, pèlerin de la diffusion de la relativité, avait déjà tenté de l'inviter en 1913 : le labeur acharné d'Einstein à l'époque, puis la Première Guerre mondiale avaient fait échouer ce projet. Il est relancé après guerre par Langevin, dans un but scientifique, mais sans doute aussi dans un but politique : à la différence de scientifiques comme Picard ayant dès 1915 une posture vindicative contre les savants allemands, Langevin pense que les échanges scientifiques entre pays européens sont fondamentaux, compte tenu notamment de l'avance de la physique allemande. Du point de vue politique, utilisant le même argument, le ministre des Affaires étrangères allemand Rathenau – qui sera assassiné trois mois plus tard en juin 1922 par des extrémistes de droite allemands – encourage Einstein à répondre favorablement à cette invitation. Le fait qu'Einstein n'avait pas eu un comportement nationaliste pendant la guerre a facilité cette visite du côté français. En cette période où il voyage dans d'autres capitales, Einstein devient ainsi le premier scientifique allemand reçu à Paris après la Première Guerre mondiale. Sa visite stimule l'imagination des humoristes, on peut en effet lire à travers la presse déchaînée[1] :

> « Alors qu'attend le gouvernement pour bouter hors de France cet espion doublé d'un bolcheviste ? » (*Le Peuple*, 31 mars 1922)

> « Einstein n'est pas arrivé à l'heure annoncée, étant donné ses théories sur la relativité du temps et de l'espace, il n'y a pas lieu de s'en étonner. » (*La Presse*, 28 mars 1922)

> « C'est la faute d'Einstein, si les Allemands ne paient pas les dommages de guerre. Il a dit que le temps n'existait pas ; étant donné que le temps c'est de l'argent, l'argent n'existe pas. » (*L'Œuvre*, 9 avril 1922)

La presse invente aussi une anecdote simpliste, mais révélatrice de ce nationalisme scientifique d'après la Première Guerre mondiale : un Français nommé Hinstin, domicilié à La Ferté-sous-Jouarre, révolutionne les concepts de gravitation et de temps. Il cherche à être reçu, sans succès, par Langevin et Painlevé, éminents membres de l'Académie, pour leur exposer ses théories ; par la suite on perd sa trace dans un asile d'aliénés, il réapparaît en Allemagne sous le nom d'Einstein et écrit son article de 1905 ! Dans un registre plus élaboré, la presse compare Einstein et sa théorie, tous les deux insaisissables : Einstein est sympathique mais déconcertant, étant allemand mais pas nationaliste, juif mais ni religieux ni sioniste[2] ; de la même manière, sa théorie de la relativité traite de sujets familiers comme le temps, l'espace ou la matière, mais elle les traite de manière totalement déconcertante par rapport au sens commun.

Lors de son voyage parisien, Einstein est reçu dans deux cénacles : une fois à la Société française de philosophie (6 avril 1922), et

---

1. Citées dans Biezunski, bibliographie [23b].
2. Ce n'est qu'à partir des années 1920 qu'Einstein, plus tourné vers le monde extérieur, deviendra sioniste, avec son voyage aux États-Unis à l'invitation de l'Appel juif unifié.

trois fois au Collège de France, où Langevin était professeur. En revanche, pour des raisons d'hostilité sourde ou déclarée, il ne sera pas reçu par deux autres assemblées où sa visite eût été sans doute plus légitime : l'Académie des sciences et la Société française de physique. Il était pourtant prévu qu'Einstein fasse une conférence à l'Académie des sciences le 3 avril 1922 ; toutefois Langevin et lui sont informés qu'une trentaine d'académiciens seraient prêts à boycotter cette conférence, et de la manière la plus inélégante qui soit : ils avaient l'intention de quitter la salle une fois Einstein arrivé[1] ! Einstein et Langevin décident d'annuler pour ne pas avoir à subir cette pantalonnade.

Le président de l'Académie cette année-là est Louis Bertin ; la présidence changeant chaque année, c'est le secrétaire perpétuel Émile Picard qui a le pouvoir effectif. Bertin (1840-1924, X 1858) est membre de l'Académie depuis 1903 dans la section géographie-navigation. Cet ingénieur du Génie maritime, spécialiste de chaudières marines et de carénages, concepteur de cuirassés, n'a jamais été un physicien, c'est par ailleurs un homme du XIXe siècle. Rien ne le prédispose à s'intéresser, *a fortiori* à comprendre la théorie de la relativité ; la presse le qualifie d'« anti-einsteinien acharné ». En tant que président de l'Académie des sciences, à quatre-vingt-deux ans, il ne prend pas d'initiative en faveur de la visite d'Einstein à l'institution, ni d'initiative pour éviter le boycott. Même s'il n'en reste pas trace, le secrétaire perpétuel Picard a sans doute joué un rôle important dans cette camarilla de l'Académie des sciences contre Einstein.

L'Académie Nobel

À la même époque, une autre Académie des sciences aura elle aussi une attitude ambiguë vis-à-vis d'Einstein et de la relativité :

---

1. Ceci est rapporté par le journal *L'Effort* (Tours) du 8 avril 1922 (*in* bibliographie [40]).

c'est la prestigieuse Académie suédoise qui, chaque année depuis 1901, attribue les prix Nobel scientifiques. Einstein doit en effet attendre jusqu'en 1922 son prix Nobel, et il ne l'obtient pas pour la relativité, mais pour l'effet photoélectrique. Max Planck, bien qu'ayant vingt ans de plus que lui, doit aussi attendre jusqu'en 1918 son prix Nobel. L'Académie Nobel reste en effet très timorée, voire réticente, devant la nouvelle physique dans son ensemble – relativité comme mécanique quantique. De 1901 à 1918, les prix Nobel de physique vont à des physiciens expérimentaux, dans des domaines comme la spectroscopie, l'optique, l'électricité. Parmi les trois révolutions du début du XXe siècle, la radioactivité (1895), la mécanique quantique (1900), la relativité (1905), seule la première a l'honneur du Nobel en ses débuts (Röntgen premier prix Nobel, Becquerel et les époux Curie deux ans plus tard) : notons d'ailleurs que la radioactivité était de nature très expérimentale au départ, ce n'est que par la suite – lorsqu'elle fit la « jonction » avec la mécanique quantique grâce à l'amélioration par Bohr du modèle de l'atome de Rutherford – qu'elle rejoint le domaine de la physique théorique et conduit à des résultats révolutionnaires comme les deux autres (la radioactivité allait déboucher notamment sur la fission nucléaire). En ce qui concerne la mécanique quantique, l'Académie Nobel rattrape après la Première Guerre mondiale le temps perdu, puisqu'une salve de prix vient récompenser cette branche : Planck en 1918, Einstein en 1921, Bohr en 1922. Une seconde salve de prix Nobel viendra récompenser la nouvelle mécanique quantique – celle qui apporte un formalisme à l'ancienne « physique des quanta » –, de Broglie en 1929, Heisenberg en 1932, Schrödinger et Dirac en 1933.

L'attribution du prix à Einstein connaîtra certaines péripéties. Le choix s'effectue chaque année sur la base de propositions faites par des scientifiques de stature internationale, même s'ils ne sont pas eux-mêmes prix Nobel[1]. Einstein est « nominé » pratiquement chaque année de 1910 à 1921 par des scientifiques de nombreux

---

1. Ceci donne des situations particulières, où un scientifique donné propose un de ses collègues, et finalement c'est lui-même qui obtient le prix !

pays. À partir de 1916, date de publication de la relativité générale qui complète la relativité restreinte et fait de l'ensemble un tout consistant, et date de sa première vérification par les calculs du périhélie de Mercure, la pression de la communauté scientifique mondiale se fait plus forte. Pourtant, comme souvent dans les « corps mous » – et on peut penser que l'Académie royale des sciences de Suède en était un, encore peu aguerrie pendant les vingt premières années du prix Nobel –, une forte personnalité mène la danse, et son opinion s'impose aux autres, de gré, de force, ou de guerre lasse. Cette forte personnalité qui résistera à la demande internationale d'un prix Nobel pour Einstein, c'est Allvar Gullstrand (1862-1930). Professeur d'optique physique et physiologique à l'Université d'Uppsala, il obtient le prix Nobel de médecine en 1911 pour son travail sur la dioptrique du cristallin de l'œil humain, et ses applications à l'astigmatisme. Comme l'intitulé de sa chaire l'indique, il est aussi compétent dans un domaine traditionnel de la physique, l'optique ; c'est sans doute pourquoi il devient en 1911 membre du comité d'examen du prix Nobel de physique, qu'il présidera de 1922 à 1929.

Instruisant la demande de prix Nobel pour Einstein, Gullstrand rend son rapport en mai 1921 : pour lui, les effets de la relativité (déflexion des rayons lumineux) se situent en dessous de la précision des instruments de mesure ; par ailleurs, il se demande si le cadre de la relativité peut s'appliquer au calcul de l'angle de précession du périhélie de Mercure. À la suite de ce rapport négatif, le comité Nobel de physique décide de reporter l'attribution du prix Nobel de physique 1921. Marcel Brillouin, physicien français, membre du congrès Solvay, qui était en 1913 sceptique sur la théorie de la relativité, s'y était rallié par la suite : il écrit à l'Académie royale des sciences en novembre 1921, l'alertant sur l'effet désastreux que pourrait avoir cinquante ans plus tard l'absence d'Einstein sur la liste des lauréats du Nobel ! Le prix Nobel de physique 1921 reste ainsi en suspens jusqu'en 1922 : en novembre 1922 sont annoncés les deux prix Nobel de physique, celui de 1921 pour Einstein et celui de 1922 pour Niels Bohr. Ironie du sort qui réunit ainsi les deux plus grands physiciens du XXe siècle, que tout allait opposer scientifiquement par la suite, puisque Einstein passera une grande partie de sa vie à réfuter l'interprétation de la mécanique quantique qu'avait donnée Bohr !

Le 10 décembre 1922 a lieu la séance solennelle de présentation par l'Académie des sciences au roi de Suède des prix Nobel qu'elle attribue, ceux de physique et de chimie. Le président du comité Nobel de physique, le Suédois Svante Arrhenius (1859-1927, prix Nobel de chimie 1903) rend un hommage mitigé à Einstein, qui d'ailleurs n'était pas venu à Stockholm. Son discours est consacré à l'effet photoélectrique pour lequel le prix lui est attribué, et Arrhenius évoque très brièvement la relativité en introduction :

« Majesté, Altesses, Mesdames et Messieurs,

Il n'y a sans doute pas de physicien vivant dont le nom est devenu aussi connu que celui d'Albert Einstein. Une grande partie du débat est centrée sur sa théorie de la relativité. Elle relève essentiellement de l'épistémologie et a donc été le sujet d'un débat animé dans les cercles philosophiques. Ce n'est pas un secret que le célèbre philosophe Bergson a défié cette théorie, pendant que d'autres philosophes l'ont acclamée chaleureusement. La théorie en question a aussi des implications astrophysiques qui sont à l'heure actuelle en cours d'examen rigoureux. »

Une fois de plus, la relativité est présentée pour ce qu'elle n'est pas, un débat épistémologique ou philosophique : c'est un argument classique, pour un physicien opposé à la relativité, de prétendre qu'elle relève de la métaphysique[1].

---

1. *Cf.* Bouasse, chapitre VII.

X

La physique est un coupe-gorge pour les imprudents qui s'y risquent insuffisamment armés ; hier Schelling et Goethe, aujourd'hui Bergson.

Marcel BOLL

Après la conférence d'Einstein au Collège de France le 5 avril 1992, qui rallie Painlevé à la relativité, la réception d'Einstein par la Société française de philosophie le 6 avril 1922 est un grand moment de son voyage à Paris. Cette société savante créée au début du siècle n'avait pas l'âge du Collège de France ou de l'Académie des sciences, mais la qualité de ses adhérents et le niveau de la philosophie française lui conféraient un grand prestige.

Bergson, qui avait fondé une partie de sa philosophie sur la conscience, et notamment sur la conscience du temps – sur la durée –, s'engagera ce jour-là dans un débat vif avec Einstein. Mû aussi par son intérêt pour la science, il voudra interpréter la théorie physique de la relativité de manière conforme à sa doctrine philosophique, en cherchant notamment à *sauver* la notion de temps universel. Il butera aussi sur le paradoxe de

Langevin[1], voulant absolument rendre symétrique le rôle joué par les jumeaux.

Les deux géants Bergson et son cadet de vingt ans Einstein vont entretenir un dialogue de sourds. Si – pour reprendre la phrase de Boll en exergue – Bergson était insuffisamment armé, Einstein était, lui, totalement désarmé car, physicien avant tout, il ne pouvait entrer dans ce débat. Il le conclura comme suit, en une phrase qui aurait pu constituer sa seule intervention :

« Il n'y a donc pas un temps des philosophes ; il n'y a qu'un temps psychologique, différent du temps du physicien. »

Sans doute Einstein, volontairement ou non, est-il légèrement provocateur en utilisant le terme « psychologique » pour qualifier le temps conceptualisé par les philosophes ; il force le trait pour indiquer que d'un point de vue scientifique, il n'y a pas de temps absolu. Mais il montrait clairement ainsi la nécessité de discuter de sa théorie en tant que théorie *physique*.

Bergson, un interventionniste de la science

Henri Bergson (1859-1941, ENS 1879) s'intéresse à la relativité au début des années 1920, au moment où elle devient célèbre. L'idée motrice de Bergson, perturbé, la soixantaine venue, par cette nouvelle théorie physique, est de rendre compatible le temps relativiste avec sa propre vision d'un temps universel et absolu. Par ailleurs – et c'est sans doute aussi une motivation importante pour lui –, il veut participer comme acteur de la discussion scientifique ; avant de s'orienter vers la philosophie, il a été premier prix de mathéma-

---

1. Les articles de Langevin formulant ce paradoxe étaient à l'époque quasiment les seuls articles scientifiques *francophones* traitant de relativité : ce paradoxe aura sans doute pris une importance trop grande en France en tant qu'initiation à la relativité, au détriment de la globalité de cette théorie.

tiques au Concours général de 1876. Son livre *Durée et simultanéité*, sans doute plus que toute autre de ses œuvres, et plus que l'œuvre de tout autre philosophe, utilise les mathématiques, commentant les équations de Lorentz. Cette volonté interventionniste dans la science distingue cette œuvre de celle de son élève Jacques Maritain qui, critiquant la théorie de la relativité, essaie à son tour de rétablir la notion de temps universel, mais sans jamais utiliser de formule mathématique.

Derrière cette velléité de Bergson de participer au débat scientifique, et son échec, nous voyons la confirmation de l'évolution majeure de la science au début du XXe siècle, et ses conséquences pour les scientifiques et les philosophes. À partir de 1905, il devient impossible pour un scientifique, aussi brillant soit-il, et *a fortiori* pour un philosophe comme Bergson, de prétendre comprendre l'ensemble du savoir scientifique. C'est l'apparition des « disciplines » scientifiques : s'immerger dans l'une d'entre elles est une discipline en soi. Einstein lui-même ne sera pas un *spécialiste* de la physique quantique. Cela s'appliquera de manière plus évidente encore aux philosophes : ils n'auront plus la capacité intellectuelle de rentrer au cœur des théories scientifiques elles-mêmes, ce livre de 1922 de Bergson en est l'illustration.

Il est certes facile de faire un florilège des représentations erronées de Bergson dans son livre. Mais, comme le raisonnement en est très construit, avec de nombreux appels aux mathématiques, ce n'est pas trahir le raisonnement que d'en extraire des phrases particulièrement significatives. Bergson introduit la relativité « simple » ou « unilatérale », ou encore demi-relativité, puis la relativité double. Les temps « multiples et ralentis » de la relativité sont compatibles avec un Temps unique et universel. Le Temps unique et l'Étendue[1] indépendante de la durée subsistent dans la « théorie d'Einstein à l'état pur » : ils restent ce qu'ils ont toujours été pour le sens commun.

---

1. Les majuscules sont de Bergson.

« Le repos absolu, chassé par l'entendement, est rétabli par l'imagination. »

« Nous constatons que le temps se déroule, et d'autre part nous ne pouvons pas le mesurer sans le convertir en espace et supposer déroulé tout ce que nous en connaissons. »

« Il y a incurvation apparente de la simultanéité en succession. »

Pour Bergson, il y a « dislocation des simultanéités » en deux simultanéités différentes. La première, absolue, est intérieure aux événements, c'est celle des philosophes. L'autre, relative, fictive, celle des physiciens, est simplement plaquée par un observateur extérieur au système. Le chapitre V de *Durée et simultanéité*, intitulé « Figures de lumière », est sans doute le plus illisible, comme le montre sa conclusion :

« Comme, dans ces conditions, les deux lignes rigides d'espace, la longitudinale et la transversale, ne peuvent pas elles-mêmes rester égales, c'est l'espace qui devra céder. Il cédera nécessairement, le tracé rigide en lignes de pur espace étant censé n'être que l'enregistrement de l'effet global produit par les diverses modifications de la figure souple, c'est-à-dire des lignes de lumière. »

Pour Bergson, les temps dilatés et disloqués du physicien sont des temps auxiliaires, intercalés entre les points de départ et d'arrivée du calcul qui, eux, correspondent au Temps réel :

« Les Temps de la Relativité Restreinte sont définis de manière à être tous, sauf un seul, des Temps où l'on n'est pas. »

« La pluralité des Temps de la Relativité Restreinte est invérifiable en droit. »

Cette dernière phrase reflète la démarche bergsonienne jusqu'à la caricature : certains scientifiques demandaient à la relativité d'être vérifiable par l'expérience, Bergson le philosophe place la barre plus haut en lui demandant d'être vérifiable en droit !

Ce méritoire mais vain interventionnisme d'un philosophe dans la science ne laisse pas d'étonner, c'est sans doute la dernière tentative du genre, un peu comme un chant du cygne. Plusieurs physiciens et philosophes de renom porteront un jugement sévère sur cette œuvre de Bergson : Louis de Broglie indiquera que ce n'est pas son meilleur livre ; Olivier Costa de Beauregard, élève de Louis de Broglie, sera plus explicite en disant que Bergson a « gravement trébuché » sur la théorie de la relativité. Plus récemment, Thibault Damour, spécialiste français de la relativité, analyse la démarche de Bergson dans son livre sur Einstein. Il est intéressant de la comparer à l'approche de la relativité qu'ont les philosophes en Grande-Bretagne à la même époque. De la même manière que, chez les physiciens, Eddington avait contribué à une avancée majeure de la relativité avec les mesures faites lors de l'éclipse de Soleil de 1919 sous l'égide de la Royal Astronomy Society –, chez les philosophes, Bertrand Russell écrira le premier livre d'interprétation métaphysique de la relativité en 1925. Sa démarche est très différente de celle de Bergson : Russell est contemporain d'Einstein, donc vingt ans plus jeune que Bergson, il est philosophe des sciences, ce que n'est pas Bergson, il est mathématicien et logicien, et enfin il ne cherche pas à fondre la relativité dans une théorie philosophique qui lui est propre. Son livre de 1925 (traduit en français en 1965), *The ABC of relativity,* se laisse encore lire très agréablement, à la différence de celui de Bergson.

Jacques Maritain,
la philosophie de saint Thomas d'Aquin

Jacques Maritain (1882-1973) est lui aussi un grand philosophe du XXe siècle ; il appartient au courant catholique et conservateur. Ses maîtres sont Péguy et Bergson, mais il se détachera rapidement de ce dernier et deviendra un philosophe d'inspiration catholique, dit « thomiste », du nom de saint Thomas d'Aquin (1225-1274), qui essaie de concilier la philosophie d'Aristote et la religion chrétienne ; en 1960, à la mort de sa femme Raïssa qui joua un grand rôle dans l'élaboration de sa pensée, il entre dans la Compagnie de Jésus et y termine sa vie.

Maritain ne participe pas le 6 avril 1922 au débat de la Société française de philosophie, mais il avait déjà écrit sur le sujet, et ce avant Bergson : en 1920, il publie divers articles dans la *Revue universelle,* qu'il reprend et complète dans un livre de 1921, intitulé *Théonas ou les Entretiens d'un sage et deux philosophes sur diverses matières inégalement actuelles.* Ce n'est sans doute pas une de ses œuvres majeures, tout comme *Durée et simultanéité* n'est pas l'œuvre majeure de Bergson ; elle est toutefois révélatrice d'une incompréhension de la théorie physique de la relativité par l'école philosophique française.

> « Et le temps, ce bon vieux temps qui se croyait notre maître, voilà que sur le tard, en 1905 exactement, il lui arrive de changer de nature, comme un député d'opinion, et de se trouver, du jour au lendemain, "relatif". »

Le livre est republié en 1925 dans une seconde édition corrigée ; son chapitre principal – consacré à la relativité – s'appelle « La mathématisation du temps » ; il est considérablement augmenté par rapport à la première édition. Maritain déplore d'abord que des hommes en France souhaitent « l'asservissement de l'intelligence » :

> « J'estime l'intelligence pour les plaisirs qu'elle nous donne ; pour le reste, je crois qu'elle n'est bonne qu'à faire de nous des géomètres. »

On retrouve ici l'esprit de géométrie stigmatisé par Duhem en 1915 (chapitre VI) ; Maritain précise d'ailleurs son propos en indiquant que l'intelligence industriellement mise en œuvre par la science allemande, utilitaire et matérielle, est au service des « puissances inférieures de l'être humain ».

Que signifie pour Maritain « la mathématisation du temps » ? Pour lui, comme pour Bergson, Einstein parle d'une entité mathématique qui est une variable dans une équation, et qui n'a de commun avec le temps que le nom :

> « Einstein s'imagine que le temps qu'il retrouve au terme de savantes manipulations mathématiques qu'il effectue sur la lettre t, est le vrai temps physique ! »

> « Distinguons le Temps de la Métaphysique (ou plus exactement de la Philosophie naturelle, de la Physique au sens aristotélicien du mot) et le Temps des théoriciens du principe de relativité. »

Plus subtil que Bergson sur le sujet, Maritain va aussi plus loin que lui : le temps physique de la relativité, simple artifice de calcul, ne saurait être assimilé au vrai Temps physique, celui de la science aristotélicienne. Maritain revient à une expression de la science originelle, celle d'Aristote et de saint Thomas : une science attachée à la description des phénomènes qui nous entourent. Il déplore que la relativité ne s'inscrive pas dans cette conception de la science :

> « N'oubliez pas que ce qu'on appelle de nos jours la science obéit plus à la loi de l'art qu'à celle de la science elle-même, et cherche moins la conformité de l'esprit au réel et la cohérence logique qu'une fabrication de concepts ou de formules offrant le meilleur rendement en découvertes de faits nouveaux et en applications pratiques. »

Il oppose dans cette phrase « thomiste » la connaissance du réel aux découvertes et aux applications pratiques. Pour Maritain, la science doit rester une philosophie de la connaissance, et non ce qu'en a fait Descartes selon ses détracteurs : une *course aux découvertes*, conduite au détriment de la science aristotélicienne, avant tout connaissance de la nature. On retrouvera chez Lenard, prix Nobel 1905, théoricien de la physique « aryenne », une fascination analogue pour la science en tant que telle, et un mépris des applications techniques et industrielles (voir chapitre XV). Par ailleurs, Maritain semble reprocher en 1921 à la relativité ses applications pratiques, alors que la seule application pratique de la relativité, la correction des horloges dans le système de localisation par satellite GPS, verra le jour soixante-dix ans plus tard ! Mais cela n'empêche pas Maritain, quelques paragraphes plus loin, de trouver une qualité « thomiste » à la relativité ; comme Bergson, il voit la relativité à travers le prisme de sa propre doctrine philosophique, en positif ou en négatif :

> « Bravo la relativité car elle met au rencart l'Espace infini et le Temps infini, restituant l'antique notion de la non-infinité du monde. »

À la différence de Bergson, Maritain n'entre pas dans le débat scientifique mais se livre, de manière beaucoup plus légère que son maître, voire divertissante, à des digressions scientifiques. Il nous livre son propre paradoxe des jumeaux de Langevin : une jeune et jolie femme qu'un génie emmène sur ses ailes « en quelque partie de l'espace à courbure très différente de la nôtre » revient dix minutes après et se retrouve « l'arrière-petite-fille de son gendre » (*sic*)[1] ! Au-delà du paradoxe de Langevin, il construit une expérience de pensée – comme les aimait Einstein – visant à contredire la relativité : pour qui voyage à la vitesse de la lumière, le temps ne s'écoule pas ; or la lumière voyage avec elle-même, « donc pour elle il n'y a pas de temps » ; mais une chose pour laquelle il n'y a pas de temps, c'est

---

1. En conclusion de cette métaphore douteuse, Maritain ajoute : « Voilà qui enfoncerait Aristote et M. Tzara ! » On retrouve ainsi la comparaison de la relativité et du dadaïsme (mouvement surréaliste né en Suisse alémanique et en Allemagne, importé en France par Tristan Tzara). Coïncidence, quelques jours après cet article de Maritain dans *La Revue universelle* du 1er août 1920, l'activiste nazi Weyland utilisera la même comparaison dans le premier meeting antirelativiste du 24 août 1920 à Berlin (voir chapitre XVI).

une chose pour laquelle il n'y a pas de passé ni de futur, « une chose par conséquent pour laquelle il n'y a pas de mouvement » ; donc la lumière est immobile, comment cela se peut-il, alors que dans la relativité c'est justement la lumière qui a la plus grande vitesse ? Cette formulation, qui est celle d'un sophisme ou d'un paradoxe comme celui de la flèche de Zénon, est totalement erronée dans les parties mises entre guillemets, qui ne correspondent à aucune réalité scientifique : comme dans les paradoxes de logique où l'on passe allègrement des mathématiques à la métamathématique, Maritain passe sans vergogne de la physique à la métaphysique pour revenir à la physique de manière erronée. S'interrogeant toujours sur le voyageur qui va à la vitesse de la lumière, il exprime un autre sophisme, faisant de l'anthropomorphisme scientifique : à cause de la contraction des longueurs, le voyageur est « infiniment plat, ce qui est bien inconfortable, même quand le temps s'est arrêté ». Maritain conclut que le voyageur est mort, parce qu'il est infiniment plat, et que le temps s'étant arrêté, son cœur s'est arrêté, car « la vie est dans le mouvement, il n'y a pas d'instant où elle soit immobilisée ».

> « C'est nous, donc, qui sommes morts. Diable ! *To be or not to be*, ça n'est pas une chose relative. »

Maritain va finalement beaucoup plus loin que Bergson en refusant à Einstein toute incursion sur le terrain métaphysique, qu'il réserve aux philosophes. Autant Bergson prétend à un débat scientifique auquel il participe lors d'une conférence publique avec Einstein à la Société française de philosophie, autant Maritain ne se risque pas à un tel débat scientifique qu'il préfère déplacer sur le terrain métaphysique, sur lequel il déclare d'emblée Einstein incompétent :

> « Nul ne peut se passer de philosopher... M. Einstein l'avouerait volontiers, mais combien il serait souhaitable que sa philosophie fût bonne ! Comme la plupart des savants modernes, Einstein semble avoir étudié plutôt sommairement les problèmes de la métaphysique et de la critique. »

« Nous ne visons que la philosophie de la nature et la métaphysique d'Einstein, et ne considérons la théorie de la relativité que dans la mesure où les physiciens s'y arrogent, avec une merveilleuse présomption, le droit de réviser les notions communes de l'espace, du temps, de la simultanéité, dont l'élucidation appartient à une science supérieure qui dépasse entièrement leur compétence ; c'est l'office du philosophe de dénoncer de tels empiétements. »

« [Nous sommes] capables de regarder avec une pleine admiration Einstein pur physicien, et avec une entière aversion Einstein pseudo-métaphysicien. »

« L'intelligence commune pourra-t-elle distinguer la science d'avec la pseudo-philosophie qui l'accompagne, "l'einsteinisme philosophique" dont on empoisonne la science[1] ? »

Le malentendu est complet : à aucun moment Einstein ne prétend faire de la métaphysique – sa conclusion lors du débat du 6 avril 1922 le montre –, et c'est bien pour cette raison que Maritain esquive le débat oral. Les deux philosophes français en viennent à critiquer une philosophie qu'ils avaient eux-mêmes forgée à partir de la théorie physique d'Einstein, qui à aucun moment ne fait de métaphysique.

Ce n'est qu'en 1925 qu'on peut observer une inflexion de la position d'Einstein vis-à-vis de la métaphysique. Dans le domaine de la cosmologie, il réfute certaines interprétations de l'Univers tirées de ses équations de la relativité générale, notamment celles liées à la constante cosmologique. Surtout, dans le domaine de la mécanique quantique, Einstein a une interprétation déterministe, qu'il commence à défendre au congrès Solvay de 1927 avec sa célèbre phrase sur Dieu : « La théorie nous apporte beaucoup de choses, mais elle nous approche à peine du secret du Vieux. En tout cas, je suis convaincu

---

1. On peut s'étonner que Maritain décrédibilise constamment son discours par des aphorismes hors de propos, comme l'image de la « jeune et jolie femme » pour commenter le paradoxe des jumeaux ; on trouve aussi dans son livre une vigoureuse incantation d'arrière-garde : « Défends ta peau contre tes médecins, défends ta raison contre tes savants ! »

que Lui ne joue pas aux dés[1]. » Il n'en restera d'ailleurs pas à cette approche métaphysique et formalisera ses objections dans un article scientifique, celui du paradoxe Einstein-Podolski-Rosen de 1935, qui sera réfuté expérimentalement en défaveur de l'hypothèse d'Einstein en 1982. Cependant, jusqu'en 1925, et notamment sur ses deux théories de la relativité restreinte et de la relativité générale, Einstein reste sur le terrain de la physique, et ne fait aucune incursion métaphysique.

Le professeur de khâgne Chartier, alias *le philosophe Alain*

Enfin, même s'il n'a pas participé au débat du 6 avril 1922, ou s'il n'a pas fait paraître d'œuvre spécifique sur la relativité, le philosophe Émile-Auguste Chartier, dit Alain (1868-1951, ENS 1889), sera lui aussi très réservé sur la théorie de la relativité. Alain a eu une forte influence, comme auteur et comme professeur de philosophie dans la khâgne du lycée Henri-IV à Paris, sur de nombreux philosophes et écrivains français, comme Raymond Aron ou Simone Weil. Il était engagé dans le pacifisme dès avant 1914, et le restera pendant la montée de l'hitlérisme. L'un de ses élèves, Julien Gracq, jugera décalée l'opinion pacifiste d'Alain, et la qualifiera de « pensée étroitement située et datée[2] ». On peut appliquer les mêmes qualificatifs à l'opinion d'Alain sur la relativité, qui pour lui reste une théorie mathématique :

> « Algébriquement tout est correct ; humainement tout est puéril. »

---

1. « *Die Theorie liefert viel, aber dem Geheimnis des Alten bringt sie uns kaum näher. Jedenfalls bin ich überzeugt, daß Der nicht würfelt* », Lettre d'Einstein à Max Born, 4 décembre 1926.
2. Julien Gracq, *En lisant, en écrivant*, José Corti, 1980 ; cité dans *Comprendre le xxᵉ siècle français*, Jean-François Sirinelli, Fayard, 2005.

« Il n'a fallu qu'un jeu de miroirs pour qu'Einstein remplace soudain toutes nos idées par quelques formules qui n'ont point de sens. L'espace courbe et le temps local font carnaval[1]. »

Voulant stigmatiser la façon dont certains clercs s'émerveillent de la relativité, souhaitant lui-même prendre du recul par rapport à l'effet de mode enflammant les cercles parisiens en 1922, ne souhaitant pas entamer une discussion philosophique sur la relativité, à l'inverse de Bergson et de Maritain, Alain est trop subtil, trop byzantin : voilà les phrases qui resteront de lui sur la théorie d'Einstein.

---

1. Cité dans B. Bensaude-Vincent [22].

Flibustiers de la science
et antisémites

XI

> *C'est ainsi qu'à la parution de* La Critique de la raison
> pure, *ou plutôt dès qu'elle commença à faire sensation,
> de nombreux professeurs de la vieille école éclectique
> déclarèrent « nous n'y comprenons rien », croyant par là
> lui avoir réglé son compte. Mais, quand certains adeptes
> de la nouvelle école leur prouvèrent qu'ils avaient raison
> et qu'ils n'y comprenaient vraiment rien, cela les mit de
> très mauvaise humeur.*
>
> Arthur Schopenhauer,
> *L'Art d'avoir toujours raison* (1830)

Parallèlement, toujours à l'Académie des sciences, ou dans diverses revues généralistes comme il en existait encore beaucoup en France jusque dans les années 1930, ou encore chez des éditeurs réputés, triant peu le bon grain de l'ivraie au sujet de la relativité, paraissent un certain nombre d'écrits antirelativistes émanant de personnes sans qualification scientifique établie, certains étant scientifiques amateurs, d'autres simples défenseurs autodidactes d'une science immuable et intouchable.

Chez les mathématiciens, philosophes et autres mandarins (*cf.* chapitres précédents), la controverse sur la théorie physique elle-même n'existait pratiquement pas : chacun aborde la relativité à travers le prisme de son propre domaine, de son propre magistère, Painlevé avec l'analyse différentielle, Bergson avec sa philosophie du temps, Richet avec la physiologie, Maritain avec le thomisme. Rien de tel ici, nous l'allons voir, chez les flibustiers de la science : sans magistère particulier, se considérant honnêtes hommes au savoir universel, ils veulent *faire de la physique,* portant la controverse non sur la théorie physique elle-même, car ils ne la comprennent pas dans sa globalité, mais sur une de ses conséquences, comme la dilatation du temps ou l'équivalence masse-énergie.

Autre différence entre mandarins et flibustiers, chez ces derniers l'argumentation *ad hominem,* dirigée contre Einstein, voire l'antisémitisme, n'est jamais très loin, venant au secours d'une argumentation physique déficiente. Ils font feu de tout bois pour avoir raison. L'histoire de la science et des techniques est riche de ces personnages interlopes, savants (bien) cachés, inventeurs indépendants, génies méconnus : c'est précisément ce type de figures que la spécialisation de la science au XXe siècle fera disparaître ou marginalisera dans les rangs de l'ésotérisme ou de l'alterscience. Olivier Costa de Beauregard assimilera, dans une image amusante, les éternels contempteurs de la relativité aux découvreurs du mouvement perpétuel ou de la quadrature du cercle.

Gustave Le Bon, le multitâche de la connaissance

Gustave Le Bon (1841-1931) fait partie de ces personnages qui, tout en ayant beaucoup d'influence et une grande notoriété de leur vivant, sont rapidement oubliés après leur mort. Aujourd'hui, hors certains milieux politiques et universitaires d'histoire de la psychologie qui étudient son livre *Psychologie des foules* (1895), Gustave Le Bon est inconnu du grand public. Il naît sous le règne de Louis-Philippe et, au cours de sa longue vie, il exerce des activités très diverses : il est à la fois médecin de formation[1], sociologue, psychologue, chercheur dans divers domaines, écrivain, éditeur. C'est un écrivain prolixe, traitant de nombreux sujets, ce qui prouve une curiosité d'esprit mais traduit un certain éparpillement : équitation, physique, psychologie, anthropologie, hygiène et santé. Il publie trente-cinq livres, et près de deux cents articles entre 1860 et 1930. Créateur du concept de *psychologie des foules*, il analyse comment les foules ont un comportement irrationnel et peuvent être manipulées par quelques individus : à l'inverse de la psychologie freudienne principalement centrée sur l'individu, à l'inverse du marxisme pour lequel la masse est supérieure à la somme des individus, Le Bon voit dans le comportement d'une foule la nette altération du discernement de chaque individu la composant. Ce livre aura une influence sur les chefs militaires Joffre et Foch ; il sera lu et commenté par Freud, et peut-être par Hitler. Il est cité par une grande figure de l'antirelativisme allemand, le physicien Ernst Gehrcke (chapitre XVI), qui s'appuie sur lui pour qualifier la relativité de phénomène d'autosuggestion des masses. Curieusement, Le Bon n'utilisera jamais sa propre théorie pour attaquer la relativité : il préfère s'en tenir à sa pseudo-argumentation scientifique, car il souhaite être reconnu avant tout comme un physicien.

D'un point de vue politique, Le Bon est difficile à classer. Il est antidreyfusard et antisémite (voir chapitre suivant), très conservateur ; sa doctrine psychologique est à l'opposé du marxisme ; mais le rattacher à l'extrême droite ou même à la droite serait erroné. Pour l'historien Zev Sternheel, il fait la synthèse de « la droite nationaliste, antilibérale et antibourgeoise, d'une part, et de la gauche sociale et socialisante, d'autre part ». Sans doute Sternheel va loin en le qualifiant de « précurseur du fascisme en France », mais la position politique de Le Bon avec un pied à gauche et un pied soli-

---

1. Son biographe Benoît Marpeau (bibliographie [32]) indique que Le Bon a suivi un cursus de médecine mais n'a toutefois jamais obtenu le diplôme de docteur en médecine ; les citations de Le Bon données ici sont pour la plupart extraites de ce livre.

dement ancré à droite est complexe : son œuvre de psychologie sociale se rattache clairement à un courant de gauche intellectuel, plutôt antisémite, celui de Charles Fourier ou de Proudhon, en rupture politique avec la gauche radicale traditionnelle de la IIIe République. On rencontrera plus loin des personnalités antirelativistes et antisémites tout aussi complexes politiquement que Le Bon : Gohier, Rochefort, Cornelissen. Comme Le Bon, le régime de Vichy saura faire, à sa manière, le même grand écart entre une droite conservatrice et extrême, le gros de ses troupes, et une gauche pacifiste dont certains éléments dériveront vers un collaborationnisme plus extrême que celui de la droite vichyste traditionnelle : Marcel Déat et Jacques Doriot en sont les figures les plus connues, mais ils sont loin d'être les seuls hommes de gauche engagés dans la collaboration vichyste.

Le Bon, précurseur de l'alterscience

Le 6 juillet 1914, Le Bon transmet une note à l'Académie des sciences intitulée « Le principe de relativité et l'énergie intra-atomique ». Elle vise à montrer en une page, sans aucune formule, qu'Einstein est arrivé avec la formule $E = mc^2$ aux mêmes résultats auxquels lui serait arrivé neuf ans auparavant dans son livre *L'Évolution de la matière* (1905), livre qui reprend un certain nombre d'articles parus dans *La Revue scientifique* pendant la décennie précédente. Huit ans après cette note à l'Académie des sciences, le 5 avril 1922, pendant la visite d'Einstein à Paris, mû par la pression de l'actualité, il se manifeste de nouveau sur le sujet en écrivant à Einstein en tant que directeur de collection chez Flammarion ; cherchant à l'attirer comme auteur dans sa collection, il lui rappelle aussi sa note de 1914 et la paternité qu'il estime avoir sur $E = mc^2$.

> « Je vous envoie une note (n'ayant qu'une page) publiée par moi dans les Comptes rendus de l'Académie des sciences (en 1914) où je montre que j'étais arrivé il y a plus de vingt ans à

des conclusions identiques sur certains points aux vôtres. Vous serez certainement heureux de le rappeler à l'occasion. »

On voit dans cette première lettre comment Le Bon use habilement de ses différentes positions. Sa fonction de directeur de la collection « Bibliothèque de philosophie scientifique » chez Flammarion – qu'il exerce depuis sa soixante-deuxième année (1902) – et le grand prestige des auteurs de cette collection – comme par exemple Henri Poincaré – lui permettent de s'adresser directement à Einstein, et d'en profiter pour lui faire une réclamation d'antériorité. Celui-ci lui répond courtoisement en français le 19 mai 1922 :

> « Votre note m'a vivement intéressé. Il est en vérité remarquable que vous êtes arrivé relativement à l'équivalence de la masse et de l'énergie à des conséquences conformes à celles de la théorie de la relativité. Il m'intéresserait de faire la connaissance de la méthode employée par vous. Je serais content d'être informé sur ce point. »

Mais, de fait, quelle était la « méthode » scientifique de Gustave Le Bon ?

Une première caractéristique est son refus de toute spécialisation en matière scientifique, à rebours de l'évolution de la science en ce début du XXe siècle. Dans ses écrits sur des sujets très divers, il ne s'inscrit pas dans une élaboration cumulative des savoirs, il a tendance à ignorer ou même à dévaloriser les écrits universitaires antérieurs. C'est vrai en science physique comme en sciences humaines, puisqu'une critique faite à l'époque à son livre d'anthropologie *La Civilisation des Indes* (1884) est sa tendance à présenter comme nouveaux des faits bien connus et déjà étudiés.

Une deuxième caractéristique de sa démarche est un intérêt tardif pour la physique (Le Bon s'y intéresse après la cinquantaine), et un travail « scientifique » solitaire. Il ne fait évidemment pas partie des milieux académiques qui ne le reconnaissent pas, et n'a aucune activité d'enseignement ; il n'entretient aucune correspondance ni relations scientifiques avec les savants français ou européens de l'époque ; il ne participe pas à des colloques où ses éventuels résultats pourraient être discutés. Vivant dans l'obsession de la reconnaissance et de l'antériorité, il n'est intéressé que par la publication, dans des périodiques comme *La Revue scientifique,* ou dans des livres qu'il écrit pour sa propre collection chez Flammarion. Certes, sous la IIIe République, la science était nettement moins organisée que maintenant. Il n'existait pas d'organismes de recherche : le premier d'entre eux, le CNRS, est créé en plusieurs étapes entre 1935 et 1939, l'Inserm ou le CNET (Centre national d'études des télécommunications) seront créés par Vichy... Le système des revues scientifiques avec relecteur/validateur des articles proposés est encore peu développé : il prendra son essor après la Seconde Guerre mondiale, accompagnant la spécialisation de la science. Cet essor va d'ailleurs de pair avec la disparition de revues généralistes comme l'était *La Revue scientifique,* qui cessera de paraître en 1954. Cette revue était un périodique de grande diffusion, non spécialisé, proposant des articles de physique d'une semaine à l'autre sous forme de feuilleton. Elle ne pouvait être comparée, par Einstein ou par quiconque, à une vraie revue scientifique comme l'étaient par exemple les *Annalen der Physik,* dirigées par Planck et où Einstein publie en 1905. Elle traduisait une certaine manière française de faire de la science, esprit de finesse maniant des idées et non des formules. Cela pouvait se comprendre quand ces articles très littéraires étaient sous-tendus par un travail et des publications scientifiques reconnus, par exemple pour Poincaré : ce n'était pas le cas pour Le Bon, dont les écrits n'étaient sous-tendus par aucun travail, prix ou publication scientifique reconnus. Ainsi, dans ce système scientifique français peu organisé du début du XXe siècle, peu normalisé dans ses relations internes, de niveau beaucoup moins élevé que lors des décennies précédentes, beaucoup d'individus pouvaient se présenter, en physique notamment, comme des chercheurs indépendants, hors du milieu académique : mais pour un Maurice de Broglie qui crée avec sa fortune personnelle son propre laboratoire, et obtient des résultats magistraux[1], combien de charlatans et d'illusionnistes de la science !

Une troisième caractéristique de l'approche par Le Bon de la physique est l'absence totale de méthode. Ce serait bien évidemment la méthode expérimentale qui seule trouverait grâce aux yeux de Le Bon : il n'est pas capable d'en envisager d'autre, la démarche de la physique théorique ne rentrant pas dans son champ d'appréhension. Toutefois, même sa démarche expérimentale est scientifiquement incohérente. Examinons sommairement les étapes de la physique expérimentale 1) intuition 2) observation 3) caractérisation des phénomènes observés 4) interprétation et théorie. Le Bon est indiscutablement doué dans la première étape : dans ses deux livres de physique, *L'Évolution de la matière* (1905) et *L'Évolution des forces* (1907), il a l'intuition de deux concepts qu'il décrira abondamment sans jamais les caractériser : d'une part la lumière noire, et d'autre part l'énergie intra-atomique – pour laquelle il oppose à Einstein une prétendue antériorité. Il faut souligner d'ailleurs que cette première étape, celle de l'intuition, n'est pas la plus importante de la démarche expérimentale, dont se réclame Le Bon : bien des physiciens expérimentaux feront d'importantes contributions à la science sur les étapes 2 et 3 uniquement. À titre d'exemple emprunté à la thématique du présent ouvrage (voir chapitre XIV), Lenard, prix Nobel de physique 1905, physicien expérimental de grande qualité, par ailleurs futur leader de la « physique aryenne », observe un rayon cathodique issu d'une plaque métallique (étape 2) et le caractérise comme corpusculaire et électriquement chargé – en remarquant que ce rayon est dévié par un champ électrique (étape 3). Il n'a pas eu d'intuition (étape 1), puisque c'est son maître Heinrich Hertz qui lui avait suggéré de s'inté-

---

1. Une certaine mythologie exploitant le prestige des frères de Broglie se développe de nos jours dans les rangs de l'alterscience : elle tend à les faire passer pour des autodidactes, des génies isolés, hors de tout cursus universitaire. Or Maurice, ancien officier de marine, est de 1904 à 1908 l'élève de... Paul Langevin, et Louis passe une thèse universitaire devant le même Langevin, et devant Jean Perrin, les deux physiciens théoriciens français de l'époque, ce que Louis de Broglie deviendra lui aussi.

resser à ce qui sera appelé plus tard l'effet photoélectrique ; il a encore moins la capacité d'interpréter ses résultats et d'en faire une théorie (étape 4). Or, ces deux étapes de l'observation et de la caractérisation, fondamentales pour un physicien expérimental, sont indigentes chez Le Bon ; la description de ses observations est très sommaire, « des plaques photographiques impressionnées » (comment ? avec quel dispositif ?) ; la caractérisation, faisant appel à une formation et une connaissance scientifiques en électricité et en magnétisme qu'il n'avait pas, est inexistante ; la base d'observations est elle aussi inexistante. La querelle qu'il cherche à un vrai physicien expérimental, Henri Becquerel, est à cet égard révélatrice : Le Bon estime que son idée très générale de « lumière noire » – décrite comme une phosphorescence qui émanerait de la matière quelle qu'elle soit, et non seulement des éléments chimiques phosphorescents – englobe les résultats d'observation de Becquerel sur les sels uraniques. Le Bon n'a cependant aucun élément d'observation ou de caractérisation à donner à sa « lumière noire », par rapport aux observations très précises de Becquerel sur les rayons uraniques. Cela trahit d'ailleurs l'inanité de la démarche scientifique chez Le Bon : le travail poussé de caractérisation que fait Becquerel sur les rayons uraniques, l'interprétation (étape 4) qu'en donneront Pierre et Marie Curie, en répétant ces mêmes observations sur le radium, conduisent à la découverte de la radioactivité, émission d'un noyau d'hélium par une famille bien spécifique d'éléments chimiques (famille radioactive de l'uranium, dont fait partie le radium), qui n'a plus rien à voir avec la phosphorescence lumineuse qu'étudiait Becquerel au départ, et *a fortiori* avec le concept très englobant de « lumière noire » dont Le Bon formulait l'idée. Cela montre à quel point Le Bon était incapable de relier ses intuitions à une quelconque phénoménologie, à une quelconque méthode expérimentale qui lui eût permis d'étayer son discours englobant et récursif[1] :

---

1. La vraie démarche scientifique amène forcément à une restriction du champ d'action et d'investigation ; *a contrario* le discours très englobant montre l'absence de réelle démarche scientifique ; elle peut caractériser toutefois la démarche de vulgarisation.

« Une telle transformation devient d'ailleurs très compréhensible dès qu'on réussit à bien se pénétrer de cette idée que la matière est simplement cette forme d'énergie douée de stabilité que nous avons appelée l'énergie intra-atomique. »

L'atome électrique qui a rayonné toute son énergie « s'évanouit dans l'éther et n'est plus rien ». Le Bon considère d'ailleurs l'éther comme un fait acquis et, comme Lenard (chapitre XV), lui donne une signification presque mystique :

« La plupart des phénomènes de l'univers sont des conséquences de ses manifestations. [L'éther] est sans doute la source première et le terme ultime des choses, le substratum des mondes et de tous les êtres qui s'agitent à leur surface. »

Comprenne qui pourra : la physique de Le Bon, en bref, se limite à la première étape, l'intuition, bien souvent très générale, empruntant à des idées qui sont dans l'air du temps. La première de ses intuitions, celle de la « lumière noire », est rapidement caduque, se heurtant à la différence fondamentale entre phosphorescence et radioactivité que Le Bon n'a pas comprise, puisque dix ans après la découverte de la radioactivité, dont on savait qu'elle ne concerne que certains corps chimiques en nombre limité, il écrit encore, toujours animé par sa vision englobante :

« L'uranium et le radium ne font que présenter à un plus haut degré ce que tous les corps présentent. »

Sa seconde intuition sur « l'énergie intra-atomique » n'est en fait qu'un avatar de la première, destinées toutes deux à illustrer une notion très générale et non caractérisée de « dissociation universelle de la matière ». Si l'on veut bien comparer cette seconde intuition, avec force indulgence, à l'énergie de liaison intra-atomique connue, caractérisée et utilisée aujourd'hui dans l'énergie nucléaire (la constitution d'un atome à partir de ses nucléons dégage une énergie spéci-

fique), et la retenir à l'actif de Le Bon, on peut le qualifier de
« conteur » de la science, éventuellement de visionnaire, mais certainement pas de scientifique. Jean Perrin (1870-1942, prix Nobel de
physique 1926) arrive aux mêmes conclusions quand il étrille en 1907
Le Bon dans une recension de son livre sur *L'Évolution des forces* :

> « Des prétentions injustifiées, un langage confus, des énoncés à
> grand effet que n'appuie pas l'ombre d'une preuve, enfin des
> ignorances déconcertantes, sans qu'aucune découverte de pre-
> mier rang puisse faire oublier ces défauts, voilà donc ce qu'on
> trouve aux livres de M. Le Bon. »

Seule trouve grâce aux yeux de Perrin la conclusion du livre de
Le Bon, « où l'on sent un esprit réellement philosophique » : pour
les physiciens, Le Bon est d'abord et avant tout un vulgarisateur et
un philosophe.

Une application numérique
de l'équivalence masse-énergie

À propos de son intuition de l'énergie intra-atomique, pour
laquelle il ne présente aucun résultat expérimental, Le Bon propose
de manière inhabituelle chez lui un calcul très sommaire – il n'y en
a pratiquement aucun dans ses articles ou ses livres de physique : il
donne l'exemple d'une balle de 15 grammes partant d'un fusil à une
vitesse de 640 m/s. Appliquant en 1905 la formule de la mécanique
classique $E_C = \frac{1}{2}mv^2$, en faisant croître v et décroître m, il indique
que la balle pourrait être plus légère et aller à 100 000 km/s ; il ne
précise pas que la balle pèserait dans ce cas $6,4 \times 10^{-12}$ grammes, ce
qui en effet est léger : où, ailleurs que dans les articles scientifiques
de Le Bon ou dans de la mauvaise science-fiction, voit-on des balles
de fusil aussi légères se déplacer aussi vite ? Un autre exemple est
celui du calcul de « l'énergie de désintégration » d'une pièce de cui-
vre d'un gramme sous forme d'un rayonnement d'une vitesse de

100 000 km/s : en appliquant la même formule que ci-dessus il trouve en effet une énergie importante. Mais pourquoi cette « désintégration » ? Pourquoi toujours la même vitesse de 100 000 km/s ? dans quelles conditions de tels phénomènes se manifesteraient-ils et comment les observer ?

Suivant le fil de ses applications numériques sommaires, ne découlant d'aucune théorie ni d'aucune expérience, Le Bon écrit à Einstein, dans la même lettre du 27 juin 1922[1] :

> « Tous les corps se résolvent spontanément en particules douées d'une immense vitesse V. L'équivalent énergétique de la masse oscille autour de 510 milliards de kilogrammètres par gramme[2]. »

Au-delà de ce type de calculs fantaisistes, nous sommes au point caractéristique de toutes les querelles de paternité sur l'équivalence masse-énergie menées par les antirelativistes (Le Bon ici, Reuterdahl au chapitre XVI, les thuriféraires actuels de Poincaré au chapitre XIX, Lenard le prix Nobel nazi mettant en avant les travaux de « l'Aryen » Hasenhörl au chapitre XV). Einstein émet l'hypothèse heuristique d'une équivalence masse-énergie liée à sa théorie de la relativité restreinte : il montre que cette idée qui était « dans l'air » est *déduite* de sa théorie, très directement d'ailleurs puisque l'article correspondant de septembre 1905 ne comporte que cinq pages[3].

---

1. *Correspondances françaises d'Albert Einstein*, bibliographie [10b].
2. L'emploi du kilogrammètre comme unité d'énergie est déjà assez daté : dès la fin du XIXe siècle, on n'emploie plus guère cette unité qui correspond à l'énergie potentielle d'un kilogramme porté à hauteur d'un mètre (elle vaut 9,8 joules). Une reconstitution possible du calcul de Le Bon consiste à poser (énergie) = 510 milliards × 9,8 par gramme, soit 5×10^{15} par kilogramme, puis d'appliquer la formule $\frac{1}{2}mv^2$ pour m = 1 kg ; on retrouve ainsi $v^2 = 10^{16}$ soit v = 100 000 km/s. Pourquoi cette vitesse ? Le Bon a évidemment repris intégralement dans sa lettre de 1922 le calcul de son livre de 1905, lui-même issu de ses « expériences » dont il déplorera par ailleurs qu'elles aient dû s'arrêter en 1895 !
3. Voir le fascicule republié par les Éditions Jacques Gabay à l'occasion de l'Année mondiale de la physique, bibliographie [10a].

L'article d'Einstein se termine par la phrase prémonitoire qui montre l'importance qu'il accordait à la physique expérimentale :

> « Il n'est pas impossible qu'une vérification de la théorie ne puisse être effectuée avec des corps dont la capacité d'énergie est au plus haut degré variable (par exemple les sels de radium). »

La première vérification expérimentale de cette hypothèse heuristique viendra en 1932 grâce à l'accélérateur de Colckroft-Walton (scientifiques anglais qui reçurent le prix Nobel de physique en 1950) avec la fission d'un atome de lithium en deux atomes d'hélium suivant la réaction :

$$^{7}\text{Li} + {}^{1}\text{p} \rightarrow {}^{4}\text{He} + {}^{4}\text{He}$$

On fournit une très forte énergie à l'atome de lithium en l'accélérant. Il absorbe cette quantité d'énergie ΔE et se fissionne en deux composants d'hélium suivant l'équivalence $\Delta m = \Delta E/c^2$, Δm étant ce qui est appelé le « défaut de masse » entre d'une part la masse de l'atome de lithium, d'autre part la somme des masses des deux atomes d'hélium, qui est supérieure. L'énergie fournie par accélération à l'atome de lithium permet de casser son énergie de liaison, ce qui provoque la décomposition en ces deux constituants d'hélium. La notion de « défaut de masse » était déjà connue des chimistes en 1905, en revanche la rattacher à un défaut (ou un surplus) d'énergie est l'hypothèse émise par Einstein dans le texte de 1905 et vérifiée par Colckroft et Walton en 1932. La formule $\Delta E = \Delta m \times c^2$, Δm étant le défaut de masse, est plus importante que la formule $E = mc^2$ (qui d'ailleurs ne figure pas telle quelle dans l'article d'Einstein) : et cette formule est bien sûr plus concrète qu'une glose sur l'équivalence masse-énergie telle que la conduit Le Bon. C'est d'ailleurs une autre des impasses de sa phraséologie vide de sens scientifique : si toute la matière se transforme en énergie, alors, comme nous l'avons vu, « l'atome s'évanouit dans l'éther et n'est plus rien ». Il n'a pas encore été démontré qu'un atome puisse se transformer en « rien », ni qu'une balle de fusil puisse aller à 100 000 km/s ; en revanche, il a été vérifié expérimentalement en 1932 qu'un atome de lithium pouvait se transformer en deux atomes d'hélium, l'énergie absorbée par le lithium par accélération correspondant au défaut de masse de la réaction de fission.

XII

Édouard Guillaume, cousin de prix Nobel

La famille suisse Guillaume a donné deux personnalités, le prix Nobel de physique Charles Édouard Guillaume (1861-1938) (chapitre VII) et son cousin Édouard Guillaume (1883-1959), personnalité plus interlope. Si le souvenir du premier s'est estompé dans la mémoire collective, le second, qui n'a pas eu de prix Nobel et n'était pas un scientifique, a laissé moins de traces encore[1]... Originaire de Neuchâtel, il sort en 1908 docteur en philosophie de l'Université de Zurich. Il débute en tant qu'« expert de seconde classe » à l'Office international des brevets à Berne, où il fait la connaissance d'Einstein qui y travaille aussi. En 1916, il rentre à la société suisse d'assurances La Neuchâteloise comme économiste ; il y gravira les différents échelons et en terminera directeur, il y restera jusqu'à sa retraite en 1946. On ne trouve pas de trace d'une

---

1. Et il n'est pas facile de démêler les prises de position de deux parents vivant à la même époque, avec le même nom et presque le même prénom ! Certains sites Internet d'horlogerie suisse s'y trompent : dans leur hommage au prix Nobel Charles-Édouard Guillaume, inventeur d'alliages pour l'horlogerie, ils mentionnent incidemment que c'était un fervent contradicteur de la relativité, ce qui se rapporte en fait à son cousin ; voir notamment *Montres Passion Hebdo*, novembre 2006, http://www.montrespassion.ch/index.cfm?id=580

formation scientifique approfondie chez lui[1], et pourtant il consacrera sa vie à des débats scientifiques visant à conserver un concept de temps universel : correspondance nourrie avec son « ami » Einstein, comptes rendus de l'Académie des sciences, comptes rendus de sociétés savantes suisses et françaises... À chaque fois, il ne manquait pas de rappeler sa parenté avec le prix Nobel Charles-Édouard Guillaume, comme si c'était un gage de sérieux scientifique !

Devant la Société suisse de physique ou dans des revues, il publie des communications dont le titre est en lui-même évocateur :

« Sur la possibilité d'exprimer la Théorie de la relativité en fonction du temps et des longueurs universels. »

« Sur la possibilité de ramener la théorie de la relativité restreinte au temps universel. »
(*Comptes rendus de la Société suisse de physique, 1917*)

« Y a-t-il une erreur dans le premier mémoire d'Einstein ? »

« La question du temps d'après Bergson ; À propos de la théorie d'Einstein. »
(*Revue générale des sciences, 1922*)

Avec force formules en plus, la démarche de Guillaume est comparable à celle de Bergson, d'inspiration philosophique (c'était la formation initiale de Guillaume), se piquant de manier les formules de Lorentz dans l'objectif de rendre compatible la relativité avec la notion « intuitive » de temps universel. Le 5 avril 1922, Guillaume fait le voyage de Genève à Paris pour assister à la seconde conférence d'Einstein au Collège de France ; c'est la première fois qu'il y a un débat oral entre les deux hommes, et la presse en rend compte ainsi :

─────────────

1. En tant qu'« économiste » dans une compagnie d'assurances, il avait sans doute de bonnes notions de mathématiques, mais n'était certainement pas un spécialiste de la physique théorique.

> « M. Guillaume a un sourire avantageux qui se changera tout à
> l'heure en un déplorable sourire d'écolier grondé qui se retient
> de pleurer. M. Guillaume, il faut bien l'avouer, a flanché déplo-
> rablement. Il fut mis hors de combat en deux rounds[1]. »

Un témoin de cette réunion au Collège de France, Alfred Kastler[2],
décrit le souvenir inoubliable qu'il en a, et se souvient d'un certain
professeur Guillaume

> « qui avait couvert le tableau noir de panneaux sur lesquels
> s'entrecroisaient des cercles et des ellipses et qui terminait un
> long exposé par ces mots prononcés avec onction : "Et voilà la
> plus grave objection qu'on peut faire à la théorie de la relati-
> vité." Langevin se tourna vers Einstein : "Qu'avez-vous à répon-
> dre à cette critique ?" Einstein leva les bras et dit d'un ton bon
> enfant : "Jé regrette, jé né rien compris." »

La correspondance entre Édouard Guillaume et Einstein est à la
fois édifiante et pathétique, Guillaume essayant d'utiliser sa relation
privilégiée avec Einstein – qu'il avait connu à Berne en 1908 – pour
le convaincre. De septembre 1917 à février 1921, soit trois ans et
demi, ce ne sont pas moins de vingt-six lettres échangées entre les
deux hommes ! Guillaume, citoyen suisse ayant fait ses études à
Zurich, s'exprime en allemand et commence ses lettres par « *Lieber
Einstein !* », Einstein répond de même « *Lieber Guillaume !* ». La
correspondance reprend en 1948, soit plus d'un quart de siècle après,
et devient presque émouvante... Guillaume, passant sa retraite à ses
marottes scientifiques, en prend l'initiative dans une lettre très pro-
tocolaire du 23 février à Einstein, en français cette fois-ci. Après
quelques politesses d'usage, il se lance dans des formules mathématiques référencées de (1) à (8), et à propos de la dernière, il conclut
sa lettre ainsi :

---

1. Quotidien *L'Œuvre*, 6 avril 1922, cité dans Biezunski, bibliographie [23b].
2. Alfred Kastler (1902-1984, prix Nobel de physique 1966), in *Einstein. Le livre du
centenaire*, 1979, bibliographie [70].

« Vous me feriez un immense plaisir en me disant si vous admettez la signification physique que je donne à l'Invariant temporel (8). Si, contre toute attente, vous n'admettiez pas ma façon de voir, oserai-je vous prier de me dire brièvement quelle signification vous donneriez à l'Invariant (8) ? »

Le 4 mars, Einstein répond amicalement en s'attardant plus sur l'aspect personnel :

« Nous sommes maintenant de vieux schnocks et mangerons bientôt les pissenlits par la racine (après les préparatifs nécessaires). [...] J'ai trouvé dans votre lettre une vieille mélodie familière. Que vous, après tant de temps, reveniez encore une fois sur l'argument me démontre que vous y voyez encore quelque chose de valable. Ceci me rend curieux, et j'ai cherché à comprendre le fil de vos idées. Mais je n'y ai pas réussi. »

Les lettres du 5 avril et du 5 juin 1948 de Guillaume resteront sans réponse, la dernière commençant de manière pathétique :

« Avez-vous reçu ma lettre du 5 avril ? Je vous montrais qu'il y avait une terrible contradiction dans la Théorie de la relativité restreinte. »

Un colonel contre Dreyfus et contre Einstein

Autre illusionniste de la science, le lieutenant-colonel Charles-Florent Corps (1855-1938) a un parcours idéologique qui le mène de l'antidreyfusisme à l'antirelativisme. Nous avons déjà rencontré des personnages appartenant à ces deux courants (Duhem, Picard, Le Bon), mais sans relation au moins apparente entre leurs positions : chez Corps, la même démarche prétendument scientifique est à la fois invoquée contre Dreyfus et contre Einstein, à vingt ans d'intervalle. Ancien élève de l'École polytechnique (X 1873), donc de formation scientifique, il ne continue pas dans la science, mais fait toute sa carrière dans l'armée comme officier du génie. Il publiera plusieurs petits opuscules antirelativistes à partir de 1923 : pour lui, la relativité est une conception vaine, « développée par des procédés de calcul qui sont eux-mêmes une merveille d'ingéniosité, mais dont le point de départ est inadmissible ».

> « Nous n'aborderons pas ici le champ encore beaucoup plus vaste de l'action de la Matière sur l'Éther. Nous noterons simplement que les notions d'espace et de temps absolu peuvent être conservées, comme s'appliquant à un Éther limite, dans lequel, par une hypothèse irréalisable pratiquement, mais qui n'a rien d'irrationnel, la Matière et par conséquent les Forces de Gravitation auraient été progressivement et proportionnellement réduites, jusqu'à disparaître complètement. »

Là aussi, comprenne qui pourra ce sabir, d'ailleurs assez proche de celui de Le Bon. Résumons les « thèses » de Corps en disant qu'il réaffirme l'indépendance du temps et de l'espace, la simultanéité générale, et le temps universel – trois concepts invalidés par la relativité restreinte ; il conclut son livre de 1924 avec la phrase fort peu explicative qui suit, pleine de pompeuses majuscules :

> « Quant aux phénomènes que la Mécanique classique n'avait pas prévus, tels que le résultat de l'expérience de Michelson et Morley, la Variation apparente de la Masse, la Déviation des rayons lumineux au voisinage du Soleil, le Déplacement du périhélie de Mercure, ils semblent faciles à expliquer par l'action réciproque de la Matière sur l'Éther, de l'Éther sur la Matière. »

Le dernier opuscule antirelativiste du colonel Corps paraît en 1933 à la librairie de l'Action française, ce qui révèle les accointances de Corps ou la récupération politique. Épais de vingt à quarante pages, chacun de ces opuscules prétend remettre en cause la relativité avec des phrases allusives et non démonstratives :

« L'Éther est-il le substratum de la matière, c'est possible, quoique rien ne le démontre complètement. »

Les autres écrits que Corps laisse à la postérité concernent
l'affaire Dreyfus, vingt ans auparavant. Il n'y a pas trace d'antisémitisme contre Dreyfus ou contre Einstein dans ses écrits, mais on
observe une grande similarité dans la démarche : dans les deux cas,
il se présente comme un scientifique, cherchant à s'opposer à ce qu'il
estime être des vérités établies. C'est en effet en 1903, au moment de
la révision du procès de Dreyfus par la Cour de cassation, quand le
corps social dans sa majorité est sur le point de réhabiliter Dreyfus,
que Corps envoie un mémoire à la chambre criminelle de la Cour de
cassation. L'intervention des scientifiques dans l'affaire Dreyfus
n'était pas incongrue, puisque les mathématiciens Poincaré, Appell et
Borel furent appelés par la Cour à rendre un rapport sur les probabi-
lités graphologiques, ce à quoi s'intéressait aussi Corps. Comme pour
ses positions antirelativistes, il met en avant sa qualité de scientifique, et soutient une thèse rocambolesque : Dreyfus est l'auteur du
fameux bordereau qui était la « pièce à conviction », mais, pour
brouiller les pistes et ne pas être accusé, il a contrefait son écriture[1]
suivant un procédé que Corps aurait découvert, « sur la base de [ses]
recherches », et malgré le fait que « l'évidence mathématique ne
suffit pas tout d'abord à [le] convaincre ». Souhaitant innocenter
Esterhazy, il résume ainsi ses déductions :

« L'écriture du bordereau est *artificielle* et a été obtenue par le
procédé que j'ai décrit. Esterhazy, malgré son intervention prétendue dans la confection de cette pièce, ignore complètement
la façon dont elle a été écrite. D'autre part, *la lettre du buvard*,
trouvée en possession de Dreyfus, écrite très probablement par
lui, suivant le même procédé que le bordereau, démontre qu'il
connaissait parfaitement le système d'écriture. Lui seul donc

---

1. Il aura été décidément prêté bien des choses au capitaine Dreyfus (X 1878) à
propos de ce bordereau. Voir note 1, page 228.

peut être considéré comme l'auteur du bordereau, et la question d'écriture, qui paraissait l'argument le plus sérieux de ses partisans, devient au contraire une preuve absolue de sa culpabilité. »

De prestigieuses maisons d'édition ouvertes aux antirelativistes

Pendant cette période 1920-1925, paraissent en France un certain nombre de livres antirelativistes, aux titres parfois virulents, chez des éditeurs pourtant réputés (Gauthier-Villars, Albert Blanchard, Payot), comme on vient de le voir avec les livres du colonel Corps. Cette virulence trouvait un écho dans l'édition et avait son public. Ainsi, Marcelin Dubroca est un autre auteur antirelativiste, désigné dans ses œuvres comme professeur de physique au lycée de Dijon au début des années 1920, puis au lycée Pasteur de Neuilly. Ce n'est donc ni un universitaire ni un chercheur. Il publie entre 1921 et 1926 cinq à six ouvrages comme par exemple *L'Erreur de M. Einstein : l'inacceptable théorie* (Gauthier-Villars 1922) ou *Les Idées et Calculs de M. Einstein contre la science physique* (Gauthier-Villars, 1923). La maison Gauthier-Villars était un des éditeurs scientifiques les plus prestigieux de l'époque ; elle était dirigée par une lignée de polytechniciens, à partir de 1864 par Jean-Albert Gauthier-Villars[1] (1828-1897, X 1848), puis par son fils Albert-Paul Gauthier-Villars (1861-1918, X 1881). C'était l'éditeur attitré de l'École polytechnique, du Bureau des longitudes (Observatoire de Paris) ; c'était aussi, ironie du sort, l'éditeur des traductions françaises d'Einstein !

---

1. Jean-Albert Gauthier-Villars, fils d'imprimeurs, rachète en 1864 une maison d'édition fondée en 1790 par Jean-Marie Courcier. La maison Gauthier-Villars n'existe plus en tant que telle : les prestigieuses revues qu'elle éditait à l'époque existent toujours chez divers éditeurs, le fonds de livres appartient maintenant à diverses maisons d'édition.

XIII

L'argumentation scientifique déficiente va laisser la place, chez certains, aux attaques contre Einstein lui-même et à l'antisémitisme. Cet antisémitisme à la française peut paraître en première analyse comme solidement ancré à droite, notamment après l'affaire Dreyfus. Mais certains courants de gauche et d'extrême gauche participent à l'antisémitisme virulent de l'époque : en témoignent les attaques contre Einstein venant de personnalités interlopes passant d'un extrême politique à l'autre.

Quand la moutarde antisémite monte au nez

Le Bon est un cas d'école intéressant, avec sa pseudo-démarche scientifique (chapitre XI), ainsi que ses opinions racistes et antisémites. Comme l'indique son biographe Benoît Marpeau, « le discours antisémite est pleinement intégré à la vision du monde de Le Bon ». De 1888 à 1923, ses diatribes antisémites se retrouvent dans nombre de ses écrits, sur quelque sujet que ce soit : on y trouve pêle-mêle le caractère obscène de la Bible, les accusations de meurtre rituel, de peuple déicide, de parasitisme, la justification des pogroms en Europe de l'Est, et *tutti quanti*... Dans la rubrique ethnologie de *La Revue scientifique*[1] du 29 septembre 1888, deux ans après le best-seller *La France juive* d'Édouard Drumont, il publie un article intitulé « Rôle des Juifs dans l'histoire de la civilisation. Les Dieux d'Israël ». S'agissant d'un article prétendument scientifique, Le Bon commence par noter que :

> « [Les Juifs], demeurés dans cet état de demi-barbarie des peuples qui n'ont pas d'histoire [...] n'ont jamais apporté la plus faible contribution à l'édifice des connaissances humaines. »

> « Les conceptions de l'esprit sémitique ont la tournure grandiose et vague des horizons du désert. »

Pour Le Bon, les Juifs appartiennent aux races moyennes, juste au-dessus des Nègres, mais pas aux races supérieures, seules capables de grandes inventions. On retrouvera en plein nazisme, sous la plume de l'astronome allemand Bruno Thüring, de l'Institut de recherche sur les questions juives, le même type d'argumentation sur l'absence d'histoire et d'apport scientifique à l'humanité de la part des Juifs. L'échange de correspondance entre Einstein et Le Bon, que tout opposait, n'allait pas tarder à dégénérer après la réponse courtoise d'Einstein du 19 mai 1922. Le Bon est doublement vexé de cette réponse : d'abord parce qu'Einstein ignore la perche lancée par Le Bon pour faire paraître ses œuvres en français chez Flammarion (Einstein avait déjà un traducteur, son ami Maurice Solovine, et un éditeur, Gauthier-Villars) ; ensuite, parce que Einstein conteste – en termes polis mais clairs – une quelconque antériorité de Le Bon pour l'équivalence masse-énergie et lui demande de justifier ses résultats. Le Bon, ainsi mis au pied du mur, répond à Einstein, le 7 juin 1922, de manière agressive et xénophobe, et sur un ton que ne justifiait pas la lettre d'Einstein :

---

1. *La Revue scientifique* était dirigée de 1878 à 1902 par Charles Richet, qui sera prix Nobel de médecine en 1913, voir chapitre IX.

« Je crois bien que vous ne lisez que vos propres travaux. [...]
J'ai le regret de constater une fois de plus que les Germains
ont conservé l'habitude d'ignorer totalement les travaux des
étrangers. »

Einstein répond à Le Bon le 18 juin 1922 de manière plus
pacifique :

« L'idée que masse et énergie soit la seule véritable substance
était déjà proclamée par beaucoup d'auteurs. Mais c'est seulement la théorie de la relativité qui permet de donner une véritable preuve de cette équivalence. Si vous vouliez m'écrire
votre manière de conclure pour la formule $E = mc^2$, je vous en
serais très reconnaissant. »

« Finalement je vous assure que les crimes contre la propriété
intellectuelle sont des affaires personnelles et non nationales. »

Le Bon, dans ses lettres des 27 juin et 7 juillet 1922 à Einstein,
ressasse les reproches traditionnels adressés à la relativité, et se
réfère à une expérience sans la décrire :

« C'est à cette force colossale que j'ai donné le nom d'énergie
intra-atomique. Son existence, je le répète, est un fait d'expérience et non d'hypothèse mathématique. »

Einstein répond à chaque lettre de Le Bon, les 30 juin et
13 juillet 1922, un peu las, mais de manière toujours factuelle, et
toujours en français :

« Du reste, je dois dire que votre lettre ne contient pas une
preuve ou un argument pour la relation dont vous prétendez la
validité. »

« Étant donné la difficulté pour moi de me procurer vos
œuvres originales, je ne suis pas capable de me faire moi-même
une idée de votre méthode. Pour éclairer la question je vous

prie de vous mettre en communication personnelle avec le professeur Langevin (Collège de France). Je me fie parfaitement à son jugement. »

Les « œuvres originales » de Le Bon sur le sujet de l'équivalence masse-énergie étaient principalement une salve d'articles de *La Revue scientifique* de 1902 à 1904. Si Einstein avait eu connaissance des autres articles de 1888 de Le Bon sur les Juifs dans la même *Revue scientifique*, sans doute aurait-il été édifié sur le caractère scientifique de cette revue, et aurait-il eu moins d'égards pour son correspondant, à qui il a pris soin de répondre correctement, rapidement et en français ! De fait, Le Bon, dans sa dernière lettre du 19 juillet 1922, montre son vrai visage, carrément agressif et antisémite cette fois-ci :

« J'admets volontiers que comme tant de vos compatriotes vous refusez de lire les livres français. Mais vous lisez au moins ceux consacrés à vanter vos doctrines, surtout quand ils sont écrits par un coreligionnaire. Donc vous ne pouvez ignorer le livre de M. Moch sur la relativité. Vous y trouverez je vous le répète encore tout l'historique que vous persistez à vouloir ignorer [...]. Vous avez lu je suppose la Bible. Vous y avez donc lu, qu'il n'est de pire sourd que celui qui ne veut pas entendre. »

Cette lettre-là restera sans réponse d'Einstein, et Le Bon n'ira pas voir Langevin pour entamer une réelle discussion scientifique...

Berthelot, des difficultés de se faire un prénom

Daniel Berthelot (1865-1927) est le fils du célèbre chimiste Marcellin Berthelot (1827-1907), qui fut par ailleurs ministre de la IIIe République, sénateur inamovible en 1881, secrétaire perpétuel de l'Académie des sciences en 1889, membre de l'Académie française en 1900. Marcellin Berthelot fut aussi professeur au Collège de France, il a donné son nom à la place située devant le Collège de France. Daniel

Berthelot, quant à lui, est un physicien qui laisse une contribution scientifique nettement moins importante que son père. Pendant deux ans l'assistant d'Henri Becquerel dans la chaire « Physique appliquée aux sciences naturelles » du Museum national d'histoire naturelle (Jardin des Plantes), il est ensuite professeur de physique à l'École de pharmacie de Paris (chaire de physique appliquée à la pharmacie créée en 1834). Il est élu en 1919 à l'Académie des sciences dans la section de physique, dont avait fait partie son père. C'est une relation du premier cercle de Gustave Le Bon : celui-ci le courtise, souhaitant publier des œuvres de son père dans sa collection chez Flammarion.

Daniel Berthelot publie en 1924 un étrange opuscule *Physique et métaphysique des théories d'Einstein* chez Payot. Ce livre prétend vulgariser la relativité : toutefois, comme le souligne ironiquement André Metz[1], en quarante-sept pages il serait nécessaire à Berthelot de n'observer aucune digression, de garder un langage très concis pour expliquer la relativité. Or, en page 10, Berthelot est encore à nous apprendre à propos de la relativité :

> « Au vrai, [Einstein] est un israélite, et qui, comme beaucoup de ses coreligionnaires, n'attache qu'une importance limitée à l'idée de patrie. [...] C'est un représentant typique de cette race juive, si orgueilleusement regardée par ses fils, comme la race élue de Dieu, si passionnément vilipendée par ses adversaires ; race attirante et décevante à la fois ; race troublante et troublée [...] race insatiable qui se flatte aujourd'hui, après avoir proclamé avec son Karl Marx l'évangile social des Temps nouveaux, de l'imposer par le fer avec ses Trotski et ses Zinoviev. De cette race est Einstein. »

En ce qui concerne l'équivalence masse-énergie, Berthelot ne manque pas de citer Gustave Le Bon, et ses ouvrages « sur la vie et la mort de la matière ». Il continue sa glose sur la relativité, hors de toute argumentation physique :

---

1. Metz, 1926, bibliographie [33].

« Pour l'homme qui voyagerait aussi vite que la lumière, la vie serait arrêtée, le temps suspendu ; il deviendrait immortel [...]
Le vœu de Lamartine est exaucé : *Ô temps, suspends ton vol.* »

Comme Richet, Berthelot met en avant la primauté du temps physiologique ; il reproche à la théorie de la relativité de ne connaître que l'univers visuel, ou électromagnétique, et d'ignorer « volontairement » l'univers chimique et l'univers physiologique. Piètre argumentation pour un physicien. Il revient ensuite aux perles raciales, domaine dans lequel il semble en revanche exceller, et nous indique qu'Einstein est le « Messie d'une nouvelle religion, qui compte des milliers de fidèles, souvent plus intolérants que leur maître » ; que Minkowski, lorsqu'il met en évidence l'espace-temps, est « révéré par ses admirateurs à l'égal de Moïse sur le mont Sinaï ». Le 19 juin 1922, l'académicien Berthelot intervient à propos de la relativité lors d'une séance de l'Académie des sciences pour indiquer que c'est une théorie chimérique, et qu'il n'est nul besoin de perdre son temps à essayer de la comprendre !

Des astronomes, et non des moindres

Dans le même esprit de la métaphore religieuse à la limite de l'antisémitisme, citons l'abbé Théophile Moreux (1867-1954), fondateur de l'observatoire de Bourges. Dans son livre *Pour comprendre Einstein !*, il attribue la relativité à Lorentz, tout en la considérant comme un « échafaudage branlant[1] » : par analogie avec la discontinuité de la mécanique quantique, il invente des « particules de temps », qui selon lui mettront à bas cette construction artificielle. Abordant tous les registres, il va jusqu'à la comparaison entre Einstein et Moïse :

____

1. Attribuer la relativité à un autre qu'à Einstein, tout en la disqualifiant scientifiquement, permet d'attaquer à la fois la théorie et son auteur, accusé de plagiat d'une théorie fausse ; voir dans ce même registre Allais, chapitre XX.

« Un homme sorti d'Israël, nouveau messie de la science, est venu qui a renouvelé toutes nos conceptions, jetant bas tout ce que la pensée humaine avait jusqu'ici vénéré, brisant les idoles chères à nos aïeux. »

L'abbé Moreux est un vulgarisateur de talent : il est directeur de la collection d'éducation scientifique de l'éditeur Doin à Paris et y publie une série « Pour comprendre... » : l'arithmétique (1921), Einstein (1922)[1], le calcul différentiel (1925), l'astronomie (1937)... Astronome, il est élève et ami de Camille Flammarion (1842-1925), le célèbre auteur du *Traité d'astronomie populaire*, frère d'Ernest Flammarion, fondateur des éditions éponymes. Camille Flammarion montrera lui aussi en 1922 une hostilité vis-à-vis de la nouvelle physique, des théories d'Einstein, voire d'Einstein lui-même : d'après ses biographes[2], « Camille partage l'antisémitisme de la plupart de ses contemporains ». Comme chez Richet, on relève chez Flammarion des écrits ouvertement racistes[3] : il partage aussi avec Richet une passion pour le spiritisme.

Camille Flammarion maître à penser de Moreux, Gustave Le Bon directeur de collection chez Ernest Flammarion, ces deux esprits contemporains – ils ont tous deux dépassé la soixantaine lors de la publication de la relativité en 1905 et ont plus de quatre-vingts ans lors de la visite d'Einstein à Paris –, tous deux vulgarisateurs d'une science encyclopédique, sont représentatifs des hommes du XIXe siècle : ils seront foncièrement imperméables et hostiles à la relativité d'Einstein, guidés en sus par un *a priori* antisémite.

---

1. Le livre est titré en couverture *Pour comprendre Einstein !*, avec un point d'exclamation ; en page de garde, il est titré *Pour comprendre Einstein...*, avec trois points de suspension tout aussi suggestifs.
2. Bibliographie [25] ; il s'agit sans doute d'une biographie « autorisée » puisqu'elle est publiée chez Flammarion !
3. « La capacité du crâne du Nègre libre est plus grande que celle du Nègre esclave », Camille Flammarion, cité dans [25].

Anarchisme et antisémitisme

De la Commune de Paris (1870) à Vichy (1940), l'antisémitisme français est alimenté par de nombreux courants de gauche voire d'extrême gauche. Le fouriérisme (Fourier, Proudhon), courant de gauche, tout comme l'anarchisme, courant d'extrême gauche, ne sont pas exempts d'antisémitisme. Le pacifisme, issu de la Première Guerre mondiale et munichois en 1938, s'ancre plutôt à gauche, sans rejeter des éléments de droite. Inversement, le boulangisme de la fin des années 1880, mouvement nationaliste et antirépublicain classé à droite, à caractère antisémite prononcé, sait rallier à lui une mouvance de gauche, comme le feront le vichysme et le collaborationnisme pendant la Seconde Guerre mondiale. Dans leur opposition à Einstein, certains personnages, naviguant d'un courant extrémiste à l'autre, feront montre d'un antisémitisme beaucoup plus virulent que l'antisémitisme mondain de Daniel Berthelot.

Christian Cornelissen (1864-1942) est un militant anarchiste d'origine néerlandaise, implanté en France dès 1898. Il est répertorié dans plusieurs sites Internet libertaires actuels[1] comme un acteur important du mouvement anarchiste européen de la première moitié du XXe siècle. Il présente au congrès international ouvrier socialiste de Londres en juillet 1896 un texte au titre évocateur : *Le Communisme révolutionnaire. Projet pour une entente et pour l'action commune des socialistes révolutionnaires et des communistes anarchistes* (Bruxelles, La Société nouvelle, 1896). Ce congrès se prononce pour une action politique et parlementaire et l'exclusion des anarchistes, et contre la motion de Cornelissen. Celui-ci publie par la suite un livre *En marche vers la société nouvelle, principes, tendances, tactiques de la lutte des classes* (Paris, Stock, 1910), ou des articles comme « L'évolution de l'anarchie et le mouvement ouvrier en Hollande » (*in Le Mouvement socialiste*, juillet 1905). Un syndicat anarchiste actuel, la Confédération nationale du travail, lui

---

1. Voir notamment l'éphéméride anarchiste http://ytak.club.fr/aout4.html

rend hommage dans sa revue de mai 1999 (bibliographie [37]), en le qualifiant de « cheville ouvrière du syndicalisme révolutionnaire d'avant la Première Guerre mondiale », tout en indiquant que sa pensée s'essouffle par la suite, après la cinquantaine. Cornelissen se tourne progressivement vers l'économie[1], et vient aussi à s'intéresser à la relativité dans un livre de 1924 aux éditions Albert Blanchard intitulé *Les Hallucinations des einsteiniens ou les Erreurs de méthode chez les physiciens-mathématiciens*, ouvrage où l'on peut lire en conclusion :

> « M. Einstein nous fait souvent penser, dans l'élaboration de ses idées et intuitions, à Karl Marx, avec qui il a encore de commun la brillante imagination judéo-orientale. Cependant, si les travailleurs scientifiques de l'Occident possèdent moins que leurs collègues de l'Europe centrale ou orientale les dons de l'imagination, [...] ils ne sauraient rester indifférents au spectacle de la "pensée déductrice" [...] menaçant de prendre le dessus jusqu'au point d'ébranler la confiance en tout travail scientifique. »

Cornelissen poursuit sa comparaison entre les deux théoriciens « judéo-orientaux », sachant qu'une constante chez lui, dans son parcours idéologique pourtant très changeant, est son hostilité envers Karl Marx, ennemi de l'anarchiste qu'il était et de l'économiste du travail qu'il est devenu :

> « En somme, la structure de l'Espace-Temps régnerait partout pour nous, observateurs, *devant* la structure générale de l'Univers, tout comme, chez Karl Marx, la loi de la Valeur-de-travail règne, malgré les phénomènes de marché, *derrière* les faits de la réalité. Les procédés des deux métaphysiciens se ressemblent étrangement. »

---

1. Cornelissen est même connu d'une génération d'étudiants en économie, puisqu'il est cité comme « inventeur d'une théorie inductive du salaire » dans le manuel d'économie de Raymond Barre de 1958 (source bibliographie [37]).

Cornelissen, issu de cette extrême gauche antisémite, est l'inspirateur d'une mouvance de la gauche syndicaliste dont le parcours va de la CGT au régime de Vichy, peu présent dans l'action politique démocratique de la IIIe République, mais très virulent idéologiquement. On peut citer parmi ces syndicalistes ouvriers René Belin, qui sera ministre du Travail et de la Production industrielle de Vichy de 1940 à avril 1942, Hubert Lagardelle qui lui succède au ministère du Travail de 1942 à 1943 : Cornelissen collabore d'ailleurs activement dans les années 1900-1910 à la revue *Le Mouvement socialiste* de Lagardelle.

Parallèlement, des polémistes d'origines très diverses s'en prennent violemment à Einstein. En marge de sa visite en France, le journal *L'Intransigeant* en brosse le portrait suivant à sa une du 10 août 1922 :

> « [...] singulière tête d'artiste aux cheveux bouclés, ébouriffés plus par *l'inspiration* que par l'effet d'un savoir patiemment accumulé. »

> « [...] nez fort, bouche généreuse... le type sémite de ce visage bouffi au teint terreux et huileux, le perpétuel et léger sourire qui flotte, tout cela, il faut bien le dire, déroute et contrarie. »

Dans les années 1920, *L'Intransigeant* était un des plus forts tirages de la presse de droite ; son orientation politique fut toutefois chaotique à partir de sa fondation en 1880, comme l'avait été celle de son fondateur Henri Rochefort (1831-1913), aristocrate né de Rochefort-Luçay. Rochefort navigue entre les extrêmes : jusqu'à la cinquantaine ancré à gauche, opposé à Napoléon III, défendant les Communards dans son journal, puis rallié en 1890 au boulangisme et à l'extrême droite.

Un autre antirelativiste au parcours flottant entre extrême gauche et extrême droite est Urbain Gohier (1862-1951, de son vrai nom Urbain Degoulet). Son hebdomadaire *La Vieille France* se présente comme « le dernier obstacle se dressant contre la conquête totale de la France par les Hébreux ». Quelques jours après la visite d'Einstein en France, Gohier, dans la livraison du 13 avril 1922 de l'hebdomadaire, fait référence aux accusations de plagiat portées aux États-Unis par Reuterdahl contre Einstein dans le journal d'Henry Ford *The Dearborn Independant* (voir chapitre XVI). Gohier sera d'ailleurs en correspondance avec Henry Ford à propos de ses publications antisémites. Cet article intitulé « Einstein, plagiaire » se conclut ainsi :

> « Les juifs ne sont jamais que des plagiaires. Mais la stupidité des goyim leur permet de s'introduire dans la peau des hommes de génie à la manière de Chéri-Bibi[1]. Et la presse de tous les pays, moyennant une poignée de dollars ou de crasseux, assassine de silence les vrais savants pour revêtir de leur gloire le gorille du Ghetto. »

Le parcours du polémiste Gohier est à rapprocher de celui de Cornelissen, puisque Gohier est au départ un militant anarchiste[2], dreyfusard car antimilitariste ; ce n'est qu'après la Première Guerre mondiale qu'il se rapproche de Drumont, devient pacifiste et antisémite virulent, fonde la revue *La Vieille France* qui paraît de 1916 à 1924. Urbain Gohier se battra contre Léon Daudet et Maurras en leur prêtant des origines juives : dans ses écrits, le journaliste antisémite Léon Daudet est appelé *Davidet* ou *ben Daoud*. Il réédite et diffuse *Les Protocoles des sages de Sion* en 1920. Pendant la Seconde Guerre mondiale, il collabore aux revues *Au pilori* et *Je suis partout*. Il est condamné à la Libération par le tribunal d'instance du Cher qui se déplace à Sancerre pour le juger, mais est dispensé de peine en raison de son état de santé. La vindicte antisémite d'Urbain Gohier contre Einstein ne s'était d'ailleurs pas éteinte avec son magazine *La Vieille France* en 1924. Il était devenu la « plume » de François Spoturno dit Coty, industriel qui avait repris le journal *Le*

---

1. Chéri-Bibi est un personnage de roman de Gaston Leroux, par ailleurs créateur d'Arsène Lupin. Condamné au bagne pour avoir assassiné le père de sa bien-aimée, il s'évade et prend les traits du nouveau mari de celle-ci pour la retrouver.
2. Gohier est, comme Cornelissen, répertorié dans l'éphéméride anarchiste à http:/ /ytak.club.fr/juin4.html

Figaro en 1922. Le 18 mai 1933, un éditorial de première page de ce journal titre « Le communisme au Collège de France » ; cet article faisait suite à la proposition faite par le ministre de l'Éducation nationale, Anatole de Monzie, à Einstein, alors que ce dernier fuyait l'Allemagne nazie, de venir occuper une chaire de physique théorique qui serait créée pour lui au Collège de France. Dans cet article non signé, et sans doute écrit ou inspiré par Urbain Gohier, on peut lire :

> « Le professeur Einstein, ayant quitté l'Allemagne, est aussitôt pourvu par M. de Monzie d'une chaire au Collège de France. À quel titre ? [...] En qualité d'Israélite persécuté ? Mais le Collège de France n'a pas été créé pour hospitaliser tous les Israélites qui, se jugeant persécutés, se targueraient d'une science inaccessible au reste des mortels... »

Physique aryenne,
régime nazi

XIV

L'Allemagne connaît un climat troublé après sa défaite de 1918. Après sa défaite en 1870, la France avait connu la chute d'un empire, et un début de révolution en sa capitale, la Commune de Paris, qui sera écrasée dans le sang par la république conservatrice renaissante de Thiers. L'Allemagne de 1918 suit un scénario comparable, avec la chute d'un empire, celui de Guillaume II, et la révolte berlinoise menée par les spartakistes de Rosa Luxemburg : des décombres de cette révolte naîtra en 1919 la république de Weimar, portée par une alliance de circonstance entre la droite et la gauche contre l'extrême gauche, annonçant le renversement d'alliances de 1932 qui permettra l'accession au pouvoir du parti national-socialiste.

C'est dans ce climat explosif que l'antirelativisme bat son plein. Si, en France, la campagne reste limitée à des cercles académiques, avec l'écho de la presse, en Allemagne la campagne antirelativiste, avec des réunions ouvertes au public, hors des cénacles académiques, est orchestrée et récupérée politiquement par les partis nationalistes, dont le parti national-socialiste. Deux prix Nobel de physique, Lenard et Stark, adhéreront au parti national-socialiste, puis au régime nazi : ils seront les parangons d'une pseudo-science uniquement bâtie contre la relativité et contre Einstein.

Deux prix Nobel nazis

Philip von Lenard (1862-1947, prix Nobel de physique 1905) naît à Bratislava, actuellement capitale de la Slovaquie, à cette époque ville austro-hongroise appelée Preßburg. À partir de 1892, il mène une carrière de professeur d'université successivement à Bonn, Heidelberg, Aix-la-Chapelle et Kiel. À Bonn, il est l'assistant d'Heinrich Hertz (1857-1894) qui découvre la première onde électromagnétique, preuve expérimentale des équations de l'électromagnétisme de Maxwell. Après de premiers travaux sur la luminescence, Lenard met en évidence les rayons cathodiques en 1894, puis découvre en 1902 que l'énergie des électrons émis sous l'influence d'une radiation lumineuse (effet photoélectrique) dépend de la couleur de cette radiation, donc de sa fréquence. Comme Röntgen qui met en évidence les rayons X, Lenard est un représentant de l'école de physique expérimentale allemande qui, avec l'école de physique britannique, avait pris le leadership de la science dans le monde à partir des années 1850. Les premiers traits du caractère belliqueux de Lenard se manifestent à propos du premier prix Nobel de physique : il se montre amer vis-à-vis de son compatriote Röntgen, qui reçoit en 1901 ce prix, car il lui avait appris à construire les tubes de conduction grâce auxquels Röntgen avait mis en évidence les rayons X. À partir de 1914, au début de la Première Guerre mondiale, les ressentiments de Lenard prennent un caractère plus général, et public. Il émet des opinions antianglaises, xénophobie mâtinée de rancune scientifique : il reproche publiquement au physicien anglais Joseph Thomson (1856-1940, prix Nobel de physique 1906) de s'être approprié la découverte de l'électron. Lenard estimait sienne cette découverte, puisqu'il avait participé à la caractérisation des rayons cathodiques. Lenard était un expérimentateur de génie ; il lui était néanmoins plus difficile de donner un contenu théorique à ses découvertes.

Les relations entre Einstein et Lenard sont empreintes de respect mutuel avant la Première Guerre mondiale. Einstein considère

Lenard comme un maître de la physique expérimentale : ses expériences sont en effet à la source d'avancées fondamentales dans le domaine de la radioactivité et de la mécanique quantique. Parallèlement, Lenard considère Einstein, dans une lettre qu'il lui adresse en juin 1909, comme un grand penseur, et sa théorie de l'effet photoélectrique comme « remarquable parmi ses théories » ; en 1913, il envisage de faire appel à Einstein comme professeur de physique théorique dans son fief de l'Université d'Heidelberg. La Première Guerre mondiale marque une première rupture entre les deux hommes : parmi les scientifiques allemands, Einstein est pacifiste et proeuropéen déclaré, Lenard est un nationaliste fervent. De même, comme le précise la rubrique consacrée à Lenard sur le site Internet de la Fondation Nobel – et il est rare que ce site entre dans ce genre de considérations –, Lenard « ne pardonnera jamais à Einstein d'avoir découvert la loi de l'effet photoélectrique et d'y avoir attaché son nom ».

Johannes Stark (1874-1957, prix Nobel de physique 1919) naît dans une famille paysanne de Bavière. Il occupe des postes dans des grandes écoles et instituts de recherche à Munich, Göttingen, Hanovre, Aix-la-Chapelle, Würzburg. Il fonde en 1904 une revue qui acquerra une grande réputation, *Jahrbuch der Radioaktivität und Elektronik* ; elle joue d'ailleurs un rôle important dans le développement de la théorie de la relativité, puisque Einstein y publie en 1907 à la demande de Stark un article où il formule le fameux « principe d'équivalence » (l'image de l'ascenseur en chute libre dans l'espace), premier pas vers sa conception de la relativité générale. Stark découvre en 1913 l'effet expérimental qu'il caractérise et auquel il donnera son nom, le dédoublement des raies spectrales dans un champ électrique ; cela lui vaudra le prix Nobel en 1919. C'est un homme dynamique, au caractère difficile. En 1920, il démissionne de l'université de Würzburg suite à un conflit avec des collègues. Il travaille dans des industries bavaroises de porcelaine dans lesquelles il a investi la somme importante reçue lors de son prix Nobel. Il regrette rapidement sa démission, cherche sans succès à retrouver un poste universitaire pendant la période de la république de

Weimar. En 1922, il fait paraître son premier livre politique *Die gegenwärtige Krisis in der Deutschen Physik* (La crise actuelle dans la physique allemande[1]). Dans ce livre, un premier coup de griffe de Stark contre Einstein apparaît : il y juge sévèrement le voyage d'Einstein à Paris en mars 1922 et sa visite des régions dévastées dans l'Est de la France. Il y indique aussi que la relativité est sans contenu physique, qu'elle cherche à transformer, à l'aide d'opérateurs mathématiques, des fictions métaphysiques en vérités physiques. En 1928, sa femme, très active pour promouvoir la carrière de son mari, s'inscrit au parti national-socialiste. Lui-même s'inscrit en avril 1930. Cette année-là, après avoir lu *Mein Kampf*, il fait paraître un livre politique, hagiographie intitulée *Les Objectifs et la Personnalité d'Adolf Hitler*. Stark apportait ainsi au crédit de Hitler, avant que celui-ci n'arrive au pouvoir, son prestige de prix Nobel[2]. En 1933, lors de l'accession au pouvoir d'Hitler, Stark reçoit les fruits de son engagement nazi ; il revient dans l'Université, au sommet de l'enseignement supérieur et de la recherche allemande, étant nommé président du Physikalische-Technische Reichsanstalt (PTR) puis président du Deutsche Forschungsgemeinschaft (le CNRS allemand). Il conservera ces postes importants jusqu'à sa retraite en 1939. À la fin de la Seconde Guerre mondiale, le tribunal de dénazification de Traunstein (village de Bavière où était sa résidence) le condamne à quatre ans de travaux forcés. La Cour d'appel de Munich réduit sa peine à mille marks d'amende.

---

1. Avec la moitié des prix Nobel de physique attribués entre 1911 et 1921 (Wien, von Laue, Planck, Stark lui-même et Einstein), la physique allemande paraissait pourtant en pleine gloire.
2. Stark indiquera d'ailleurs en 1947, satisfait, que ce livre fut un bon succès de librairie.

Déclaration d'allégeance à Hitler

En mai 1924, les deux prix Nobel rendent public leur engagement national-socialiste en marquant leur solidarité avec Hitler lorsque celui-ci est emprisonné par la république de Weimar, à la suite du coup de force mené depuis une brasserie munichoise. Dans un article du quotidien bavarois local *Großdeutsche Zeitung* du 8 mai 1924, on peut lire la déclaration d'allégeance des deux prix Nobel, sous leur signature et sous le titre « L'esprit d'Hitler et la science » (*Hitlergeist und Wissenschaft*) :

> « Nous reconnaissons en Hitler et en ses compagnons l'esprit qui nous a toujours guidés, un esprit de clarté, honnête envers le monde extérieur comme envers l'unité intérieure, un esprit qui rejette toute compromission. C'est le même esprit que nous avons déjà reconnu et révéré tôt chez les grands scientifiques du passé, Galilée, Kepler, Newton, Faraday. Nous l'admirons et le révérons de la même manière chez Hitler, Ludendorff[1], Pöhner[2] et leurs camarades ; nous les reconnaissons comme nos parents les plus proches d'esprit. »

> « Cet esprit-là ne peut être incarné que par du sang germano-aryen, identique à celui des grands scientifiques mentionnés ci-dessus. [...] Depuis plus de 2000 ans le sang d'une race étrangère s'y est mêlé. Ce sont les mêmes causes, avec le même sang d'origine asiatique en arrière-plan, qui ont porté le Christ en croix, Giordano Bruno au supplice, Hitler et Ludendorff derrière les murs d'une prison. »

---

1. Erich Ludendorff (1865-1937) est un général allemand de la Première Guerre mondiale qui devient nationaliste et s'engage aux côtés du mouvement national-socialiste naissant. Il participe au putsch de 1924, qui vaut à Hitler d'être emprisonné ; d'ou la référence à Ludendorff par les deux prix Nobel. Ils manquent déjà de clairvoyance puisque Ludendorff, rival potentiel d'Hitler, est discrédité et lâché par lui dès 1925.
2. Ernst Pöhner (1870-1925), *Polizeipräsident* de Munich de 1919 à 1921, s'engage auprès d'Hitler à cette date ; il est loué par Hitler dans *Mein Kampf*.

« Hitler et ses camarades de combat nous paraissent comme des cadeaux de Dieu, venant d'un temps ancien, où les races étaient plus pures, les hommes plus grands, les esprits moins compromis. »

« Avec Hitler comme chef d'orchestre bâtissons une nouvelle Allemagne dans laquelle l'esprit allemand ne serait pas simplement toléré, mais où il serait protégé, soigné, célébré et pourrait refleurir pour rédimer nos existences actuellement placées sous l'influence d'esprits de moindre valeur. »

« Il est là ; il s'est désigné comme le Führer des gens d'honneur ; nous le suivons. »

Parmi les scientifiques de stature internationale, seuls Lenard et Stark auront un engagement aussi ouvertement nazi. D'autres scientifiques allemands de stature internationale, comme Wilhelm Wien (1864-1928, prix Nobel de physique 1911) à Iena ou Hans Geiger (1882-1945) à Tübingen, étaient eux aussi des physiciens expérimentaux connus pour leurs opinions conservatrices et provincialistes, opposées à une recherche dirigée depuis Berlin ; ils furent peut-être bienveillants envers le national-socialisme, mais n'ont pas été compagnons de route du parti puis du pouvoir nazi et sont restés politiquement et professionnellement indépendants du régime. Lenard et Stark sont, eux, très vite en rupture avec leur milieu scientifique, vindicatifs envers la république de Weimar, et par ailleurs foncièrement antisémites.

Sur le plan scientifique, leur approche de la nouvelle physique était toutefois très différente. Lenard est un physicien expérimentateur avant tout. Au contraire, Stark, avant 1920, est ouvert à la démarche novatrice de la physique théorique. C'est plus par ambition et calcul personnel et politique que Stark s'oppose à partir des années 1920 à la physique théorique, c'est plus par conviction que Lenard s'y oppose. Lenard est très impliqué dans le monde éducatif, auteur de manuels de physique, faisant des conférences de vulgarisation. Il restera un idéologue, homme d'influence, à l'inverse de Stark, homme de pouvoir.

XV

Militants, dignitaires et intellectuels nazis commencent à stigmatiser la « physique juive » dès le début des années 1920. La physique allemande, ou « physique aryenne », est une physique fondée sur l'expérience et non sur une théorie mathématique. S'il y a formulation de concepts nouveaux, ils doivent être immédiatement vérifiables par l'expérience. À l'opposé, la « physique juive » est une physique théorique, conceptuelle, non vérifiable expérimentalement, fondée sur des théories mathématiques complexes et éloignées de la nature et de la réalité. Le savant aryen produit non des conjectures, mais des faits établis. Le savant juif, lui, avance des idées sans aucune preuve et s'empresse de les publier ; il privilégie l'usage des mathématiques obscures et cache l'essentiel sous le calcul.

La relativité, conçue en grande partie par des savants juifs, était bien entendu sous le feu des critiques contre la « physique juive ». Elle était l'œuvre d'Einstein, et nombre de savants juifs y avaient contribué. La formalisation mathématique de l'espace-temps avait été réalisée peu avant sa mort par le mathématicien Hermann Minkowski (1864-1909), professeur d'Einstein à l'École polytechnique de Zurich en 1896. De manière moins visible, et aussi à Zurich, le mathématicien Marcel Grossmann (1878-1936) initia Einstein en 1913 aux tenseurs du mathématicien italien Tullio Levi-Civita (1873-1941), base mathématique complexe de la relativité générale.

Physique juive contre physique aryenne

En 1936, dans la préface de son manuel universitaire de physique *Deutsche Physik*[1], Lenard formalise dans sa préface une véritable théorie de l'antisémitisme scientifique. Le fait que son idéologie figure dans un manuel de physique à l'usage des étudiants – et non dans un opuscule indépendant – montre à quel point elle était intégrée chez Lenard à sa vision de la science. Le titre du manuel est lui-même significatif : quoique documenté et composé de quatre tomes, ce manuel n'aborde ni la physique théorique ni la relativité.

Lenard applique le droit du sang, et celui de la race, à la science. Ce n'est pas parce qu'il y a une nature universelle, la même pour tous les peuples, que la façon de l'étudier, c'est-à-dire la manière de faire de la science, est identique chez tous les peuples. La physique de ceux qui ont pénétré la réalité de la nature est celle des Aryens, peuples allemands ou nordiques : le savant aryen a un dialogue privilégié, quasi mystique, avec la nature. La physique juive s'est développée quant à elle sur les acquis aryens du peuple nourricier allemand ; ce développement de la physique juive, qualifié par Lenard de « raz-de-marée », a eu lieu surtout après la Première Guerre mondiale, lorsque « les Juifs devinrent dominants en Allemagne et donnèrent le ton ». Grâce au régime nazi, toutefois, ce développement injustifié a pu être passé au crible. L'ennemi viscéral Einstein, représentant de la physique juive, est cité nommément une première fois, puis évoqué par le truchement d'allusions transparentes :

> « Pour caractériser la physique juive en peu de mots, mais le plus justement possible, il n'est que d'évoquer l'activité de son représentant le plus marquant, un Juif de sang pur, A. Einstein.

---

1. On trouvera en Annexe 3 la traduction, inédite en français, de la majeure partie de cette préface. *NdA :* lire ce document en lettres gothiques blanches sur fond noir sur une machine à microfiches de la Bibliothèque nationale n'a pas été la chose la plus aisée dans la préparation du présent ouvrage.

Avec ses "théories de la relativité", il voulait révolutionner et dominer l'ensemble de la physique. »

« Depuis déjà trente ans, le peuple allemand a été nourri, sur le plan de la science, par les acquis d'un étranger, à la fois sur le plan racial et sur le plan de l'appartenance à notre peuple, ainsi que par ses adeptes et successeurs. »

« L'incompétence juive fut masquée par un tour d'adresse sur le plan du calcul, et l'impudence propre au Juif désinhibé, liée à l'habile solidarité de ses compagnons de race, permit l'élaboration d'une physique juive qui emplit déjà les bibliothèques. »

Pour Lenard, la distinction entre physique classique et physique moderne est un tour de passe-passe des Juifs, qui « aiment à créer des oppositions et séparer des matières afin que le pauvre Allemand finisse par ne plus du tout s'y retrouver ». Le savant juif vise à mettre en avant des connaissances vagues et inachevées, sans rapport avec la réalité ni avec la base des connaissances existantes ; il développe ainsi une distinction artificielle entre physique moderne et physique classique, destinée à discréditer cette dernière en la présentant à dessein comme un savoir dépassé et obsolète.

Le caractère mathématique de la physique théorique est évidemment stigmatisé par Lenard. L'outillage mathématique du scientifique aryen n'a pas besoin d'être très développé, les calculs n'apportant rien à la connaissance de la nature. Si une expérience est montée de manière irréprochable et si son résultat est correctement expliqué en termes accessibles à tous, il n'y a pas lieu de s'appesantir sur un calcul mathématique qui sera de toute façon évident et qui n'a pas sa place dans un livre de physique :

« Penser avec la nature – avec ce qui se passe en elle – se rencontre très rarement. Au lieu de cela, on se trouve, la plupart du temps, face à des formules. »

Ce thème d'une physique expliquée en termes accessibles à tous est d'ailleurs repris par les autorités nazies, pour lesquelles la science doit avoir un caractère « populaire ». Elle doit être faite pour le peuple et compréhensible par lui. Le *Völkischer Beobachter*, quotidien du parti nazi, déclare le 25 mai 1933 que les résultats de la recherche sont sans valeur s'ils ne sont pas orientés vers la culture du peuple.

Pour Lenard, le scientifique juif n'est pas à la recherche de la vérité ; la vérité est une hypothèse comme une autre alimentant sa réflexion :

> « Il est frappant que le Juif n'entend rien à la vérité. Il se contente d'une concordance apparente avec la réalité, indépendante de la pensée humaine. »

Dans la physique juive, toute hypothèse qui, par la suite, ne se révèle pas totalement erronée, est déjà considérée comme un pas décisif. Cette propension juive à mettre en avant prématurément des idées non vérifiées expérimentalement fait, selon Lenard, tache d'huile dans le milieu scientifique : la plupart des scientifiques, et les Juifs en premier lieu, y ont vu une façon d'obtenir postes prestigieux et publications. Seuls les vrais scientifiques aryens s'emploient à retravailler les nouvelles théories juives pour en faire ressortir les faits avérés ; c'est d'ailleurs pour eux une perte de temps et d'énergie.

On retrouve aussi un des thèmes traditionnels de l'antisémitisme dans les attaques contre la physique juive, à savoir son caractère international, mondialiste dirait-on de nos jours. Pour Lenard, quand on parle de science internationale, on parle de science juive ; pour lui, la qualité de la recherche est liée au seul patrimoine génétique et racial nordique :

> « Les Juifs sont partout et quiconque défend, aujourd'hui encore, l'idée que la science est internationale, parle, sans le savoir, de la science des Juifs qui, comme eux, est partout, et partout identique. »

Cette position de Lenard fait écho à la xénophobie antianglaise qu'il montre à l'égard de Thomson dès 1906 et montre son isolement depuis lors dans une science européenne en pleine effervescence entre 1895 et 1925. L'ensemble de la préface de *Deutsche Physik*, mélange de science et de politique caractéristique de Lenard, est entrelardé de phrases à la gloire du nazisme et de Hitler, dont la conclusion dithyrambique :

« À l'heure actuelle, l'Allemagne s'apprête à sauver l'esprit aryen dans le monde [...]. Le peuple allemand est pleinement en droit de faire résolument valoir sa spécificité, dans le domaine de la science aussi. Et cela, non pas pour la seule patrie, mais aussi pour que soit mis en valeur le meilleur de ce qui importe aux hommes. »

« Le peuple qui a donné naissance à un Copernic, à un Kepler [...] saura se ressaisir, tout comme il a retrouvé, sur le plan politique, dans la lignée d'un Frédéric le Grand et d'un Bismarck, un Führer issu de son propre sang, qui l'a sauvé du trouble généré par le marxisme, lui aussi étranger d'un point de vue racial. C'est dans cette confiance que j'ai écrit cet ouvrage, et c'est dans une confiance toute spéciale dans la direction politique du peuple allemand en ce IIIe Reich que je le publie. »

La science « pure »

Même si son prestige scientifique et la qualité de ses travaux avaient considérablement baissé depuis 1914, Lenard restait un grand vulgarisateur, auteur de conférences à succès auprès du public. Son livre de vulgarisation consacré aux grands savants allemands (*Deutsche Naturforscher*, 1929) est lui aussi empreint d'idéologie antirelativiste. Lenard y dresse de courtes biographies de grands scientifiques, de Pythagore à Hertz en passant par Descartes et Galilée, tous présentés comme des « investigateurs », c'est-à-dire attachés à l'expérience. Il fait parler les grands savants disparus –

usage fréquent chez les révisionnistes de la science : selon Lenard, ces savants immortels trouveraient peu de satisfactions dans les réalisations de notre « soi-disant civilisation », qui bien souvent n'améliorent pas notre vie ; ils chercheraient plutôt le progrès dans les avancées de la morale et de la vraie culture. Fasciné par la « science pure », la science pour la science, Lenard avait en aversion les applications de la science. Cela peut paraître paradoxal mais, comme Bouasse en France, Lenard, tout en ne jurant que par la démarche expérimentale, voyait la science avant tout comme une somme de connaissances, sans être intéressé par ses applications. Cette conception d'une physique intégrée à la connaissance universelle se traduisait chez tous deux par l'écriture de manuels universitaires couvrant toute la physique, et les rattache à l'image du savant « universel », image fort éloignée de la réalité de la science à partir de ce moment-là.

Dans cette vaste fresque de l'histoire des sciences, Lenard ne manque pas de constater que, de Hipparcos (200 av. J.-C.) à Galilée (XVIe siècle), la science connaît une période d'obscurantisme sans égale. Il en attribue la cause à la dégénérescence raciale des Grecs et à l'influence de la Bible. C'est là un trait idéologique des Nazis, souvent passé sous silence, l'aversion du christianisme et de toute forme de révélation ; Lenard attaquera par ailleurs dans d'autres écrits Max Planck en attribuant son soutien à la relativité au fait qu'il était issu d'une famille de hauts dignitaires et théologiens protestants.

L'attitude de Lenard vis-à-vis de son maître Heinrich Hertz (1857-1894), juif par son père, a considérablement évolué au fur et à mesure de sa propre évolution raciste et antisémite. Jusqu'à la cinquantaine, l'élève vénérait le maître ; par la suite, il utilise dans son livre de portraits des métaphores surprenantes pour parler de Hertz, faisant référence à ses recherches sur une nouvelle mécanique prérelativiste pendant la deuxième partie de sa brève carrière :

> « Hertz était demi-juif, et je ne le savais ou ne l'observais pas.
> Dans la première partie de sa carrière, sa forte part aryenne lui

avait permis d'obtenir des résultats scientifiques étonnants, que tous les physiciens allemands de l'époque auraient dû jalouser. Dans la deuxième partie de sa carrière, sa part juive prit le dessus, ce que finalement montre sa mécanique. C'était le dieu des Juifs Yahvé qui m'avait ravi Hertz au beau milieu de sa vie. »

La dernière des biographies de *Deutsche Naturforscher* est consacrée à un inconnu – par comparaison aux autres biographies –, le physicien autrichien Friedrich Hasenhöhrl (1874-1915, mort au combat pendant la Première Guerre mondiale), auquel Lenard attribue non la théorie de la relativité, mais la formule $E = mc^2$. C'est un prétexte pour développer aussi dans cette dernière biographie son argumentaire scientifico-idéologique contre la relativité. Au-delà du reproche traditionnel de la suppression de l'éther fait à Einstein et à la relativité, Lenard y ajoute une interprétation métaphysique, voire déiste, qui n'a en tout cas rien de scientifique : l'éther existe, même s'il est beaucoup plus insaisissable que la matière, car c'est justement la part de l'esprit, ce que justement il est interdit à l'homme d'approcher, la limite de la connaissance.

> « L'éther n'est pas l'espace ; il peut être décrit comme le secret de l'espace, notamment quand on considère le phénomène de la vie, créée par l'esprit, mais trouvant place aussi dans l'espace. »
>
> « Chaque rayon de lumière porterait donc, en accord avec son contenu en énergie, son propre éther, se mouvant à la vitesse de la lumière dans l'éther environnant. [...] Le méta-éther existant dans l'espace cosmique loin des masses célestes détermine ainsi la vitesse de la lumière. »

Lenard qui, comme on l'a vu, professait aussi des opinions antichrétiennes, présente le méta-éther (*Uräther*, ou éther originel) de manière quasi religieuse, comme une des divinités nordiques, védiques ou celtes liées aux éléments naturels ou issues du Walhalla.

La relativité issue du Talmud

Le scientifique qui poussera le plus loin l'idéologie antisémite dans la science, notamment contre la relativité, est l'astronome Bruno Thüring (1905-1989). Il fait des études de philosophie à Munich avec Hugo Dingler, ainsi que des études de mathématiques et d'astronomie. Dès l'université, il est membre de groupements d'étudiants nationaux-socialistes. Thüring passe une partie substantielle de sa carrière à l'Observatoire de Munich de 1928 à 1933, et de 1935 à 1940 ; il entre au parti nazi en 1930. Il sera directeur de l'université de Vienne de 1940 à 1945. Mis à la retraite d'office à cette date, il poursuit alors une carrière privée dans le domaine de la science.

En 1936, Thüring publie dans la revue *Deutsche Mathematik*, organe du mouvement mathématique nazi ; elle est éditée par le héraut de ce mouvement, le mathématicien Vahlen[1]. Dans cet article, Thüring voit dans la relativité une expression forcenée du matérialisme. Il l'oppose aux travaux des grands savants nordiques, Newton, Kepler, qui étaient, eux, guidés par leur idée de Dieu. Kepler n'aurait pas réussi à formuler ses lois s'il n'avait pas été à la recherche de l'harmonie divine de la nature. Le monde des cinq sens, celui de la matière, ne saurait représenter le monde dans sa totalité, il faut aller chercher l'explication de la nature dans le monde divin. Le savant nordique essaie de comprendre la nature pas seulement avec son intellect, mais aussi avec son cœur, son âme et son imagination. Cette démarche s'oppose à celle qui utilise l'intellect comme seul principe cognitif et aboutit à une représentation purement symbolique, mathématique, formaliste et abstraite de la nature. Se référant à ces grands savants nordiques, Thüring s'en prend à Einstein :

---

1. Theodor Vahlen (1869-1945) est un mathématicien engagé dès 1924 dans la hiérarchie nazie, comme chef du district de Poméranie du parti. Il devient SS-Oberführer, grade militaire pouvant être accordé à titre de distinction à des personnalités impliquées dans le parti. Il est président de l'Académie des sciences de Prusse en 1938, et occupe le poste important de directeur au ministère de l'Éducation et de la Recherche à partir de cette date.

« Einstein n'est pas l'élève de ces hommes, mais leur opposant déterminé ; sa théorie n'est pas le point d'orgue d'un développement scientifique, mais une déclaration de guerre totale, visant à détruire ce qui est à la base de ce développement, à savoir la vision du monde de l'homme allemand. »

Pour Einstein, selon Thüring, espace et temps relativistes sont de simples attributs de la matière. Il s'en prend ensuite à la notion d'énergie, qu'il estime gommée par la relativité :

« Une autre différence entre les conceptions relativisto-juive et nordico-germanique est celle de l'énergie. »

« Dans l'espace courbe, les planètes suivent des trajectoires apparentées à des soi-disant géodésiques, c'est-à-dire les chemins les plus courts entre deux points ; avec la disparition de l'énergie, la dynamique devient, avec Einstein comme avec Hertz, une sorte de cinématique. »

Selon Thüring, la puissance, la force, l'énergie, sont des notions claires et innées pour l'homme nordique ; il possède par lui-même de l'énergie, comme tous ses ancêtres depuis la nuit des temps ; il a lui-même très tôt une sensation de l'énergie par son travail, par son activité physique ; il sait par expérience qu'avec de l'énergie on peut bouger des objets, les arrêter. Ce n'est pas un hasard si « le Juif Einstein et le demi-juif Hertz » ont essayé de créer une mécanique où disparaissent les notions d'énergie et de force[1]. Le philosophe juif Spinoza lui non plus ne connaissait pas ces concepts : ils sont « totalement étrangers aux sensations du Juif », il est naturellement enclin à les exclure de la représentation qu'il donne de la nature.

Thüring développera son idéologie jusqu'à l'abjection dans un opuscule de soixante pages intitulé *La Tentative d'Albert Einstein de*

---

1. Rappelons que dans la relativité générale, la notion de force d'attraction entre corps disparaît, remplacée par la géodésique suivie par un corps dans la distribution de masses de l'espace-temps relativiste.

renversement de la physique, publié en 1941 sous la houlette de l'Institut de recherche sur les questions juives. Il commence par s'étonner d'une soi-disant irruption des Juifs à la fin du XIXe siècle dans l'évolution des connaissances scientifiques : comment se fait-il qu'un peuple, qui jusqu'à 1850-1900 n'a pas contribué à l'avancée des sciences, le fasse brusquement ? Il décrit ensuite une dégradation de la science au XIXe siècle, et prend l'image du « terreau, sur lequel plus tard le parasitage juif allait se développer ». Certes le Juif est capable d'apprendre jusqu'à un certain point les méthodes du chercheur aryen, mais il n'est pas capable de créer de nouveaux concepts, et finit toujours par se réclamer d'un dogme quelconque auquel il s'arc-boute. Einstein n'est pas seulement juif au sens « biologique », il l'est « en pleine connaissance de cause » : fier de « sa croyance en Israël », fier de son sionisme. Thüring compare la relativité d'Einstein et le marxisme[1], s'appuyant sur le fait que tous les repères sont équivalents dans la théorie de la relativité, qui supprime la notion d'espace absolu newtonien :

> « Ainsi les exigences judéo-marxistes de liberté et d'égalité font maintenant irruption dans le domaine des sciences. »

Pour Thüring, de la même manière que le marxisme veut s'imposer à l'humanité comme grille de lecture du passé et d'action pour l'avenir, la relativité efface la physique classique, et veut s'imposer comme la seule manière de pratiquer la science dans le futur. Vient ensuite l'argument souvent rencontré chez les ennemis de la relativité, poussé ici à l'extrême dans une curieuse pédagogie récursive :

> « Einstein s'oppose aux objections des philosophes avec des arguments physiques et mathématiques (qu'ils ne comprennent pas), aux objections des physiciens avec des arguments philosophiques et mathématiques (qu'ils ne comprennent pas), aux

---

1. On retrouve là le parallèle mené par l'anarchiste franco-hollandais Christian Cornelissen entre Einstein et Marx (*cf.* chapitre XIII).

objections des mathématiciens avec des arguments philosophiques et physiques (qu'ils ne comprennent pas). »

Thüring développe enfin, dans un feu d'artifice final, une comparaison entre les fondements de la religion juive et les méthodes de la « science juive », en qualifiant la relativité de « pensée talmudique ». Il justifiait ainsi pleinement sa qualité de chercheur de l'Institut de recherche en questions juives : au cas où l'on se demande ce qu'est la recherche en questions juives, les développements de Thüring nous en donnent une illustration. Ils nécessitent en effet une connaissance et une étude – au moins superficielles – des grands principes de la religion juive.

« Il n'est pas difficile de reconnaître l'identité de la pensée talmudique dans les méthodes de la physique relativiste. »

Thüring assimile pour le chercheur juif la Nature et la *Torah* : la Bible reçue de Dieu est l'équivalent de la création de la Nature par Dieu. La *Halacha*, qui pour le Juif constitue l'ensemble des règles de vie transmises par la tradition orale, est comparée aux postulats et principes qui selon lui régissent la physique relativiste. L'argumentation est assez subtile : pour Thüring, de la même manière que les Juifs ont créé une loi parallèle, issue de la tradition orale (la *Halacha*), Einstein pose dans la relativité un certain nombre de postulats comme la constance de la vitesse de la lumière. Enfin les *Midrashim*[1], qui constituent l'exégèse du texte biblique, sont comparées aux hypothèses ou aux expériences de pensée de la physique théorique. Dans ce cadre, de la même manière que l'érudit juif produit exégèses et commentaires (*Midrashim*) pour rattacher les règles de vie et la tradition orale (*Halacha*) au texte sacré (*Torah*), le chercheur juif produit une méthode et des expériences de pensée (assimilables aux *Midrashim*) permettant de rattacher ses principes et postulats (assimilables à la *Halacha*) aux lois de la nature (assimila-

---

1. Du verbe hébreu « drsh », qui signifie justement « chercher ».

bles à la *Torah*). Ainsi, Einstein justifierait-il par une démarche scientifique contre nature l'adéquation de ses propres postulats à la Nature.

Un autre scientifique allemand antisémite, cité par Frank[1], indique que « le but du *Talmud* est d'observer les principes de la *Torah*, tout en les contournant », et donne l'exemple suivant :

> « Voyez le Juif selon le Talmud, qui place son panier à provisions sous le siège dans le wagon, transformant ainsi pour la forme le wagon en domicile personnel et observant formellement de cette manière [...] le Sabbat. C'est cette observance purement formelle qui importe pour les Juifs. »

Selon ce scientifique, la *Torah* représente alors les postulats à respecter en toutes circonstances dans la physique relativiste, comme la constance de la vitesse de la lumière ; et, de la même manière le Juif dans son wagon triche sur les notions de domicile et de voyage, la « théorie juive de la relativité » va distordre les notions d'espace et de temps pour respecter à tout prix ses postulats.

À la même époque, certains idéologues de l'antisémitisme[2] français iront plus loin dans cette interprétation du rôle des textes hébraïques. Ils caricatureront la spécificité juive de l'étude des Écritures, qui vise à approcher et à éclairer la *Torah* par l'intermédiaire de la tradition orale : selon eux, le *Talmud* (tradition orale), qui est propre à la religion juive, serait ainsi plus important pour les Juifs que la *Torah* (Bible, ou Ancien Testament), partagée avec d'autres religions, le christianisme notamment. C'est à rapprocher

---

1. Bibliographie [69]. Frank, sans donner le nom du scientifique, précise qu'il s'agit d'un article de *Zeitschrift für gesamte Naturwissenschaft*, revue créée en 1935 sous le régime nazi, ayant vocation à publier des « chercheurs populaires ». Notons que ce scientifique ne fait pas jouer le même rôle que Thüring à la *Torah*. Chacun y va de son propre galimatias.
2. Voir notamment Henry Coston, « Du Talmud aux Protocols », *Je vous hais !*, avril 1944. Article repris dans le livre *L'Antisémitisme de plume, 1940-1944*, sous la direction de P.-A. Taguieff, Berg International Éditeurs, 1999.

de l'idée de Thüring selon laquelle les Juifs corrompent la *Torah* au profit des autres textes, comme dans leur pratique de la science ils corrompent les lois universelles de la Nature. Nos idéologues de l'antisémitisme en déduisent le reste de leur « raisonnement » : les Juifs ne sont donc que peu intéressés par la Bible, voire par la Création divine ; d'ailleurs, le Dieu des Juifs ne serait pas celui de la Création, ce serait un dieu avec un petit d, boutiquier, procédurier, qui plutôt qu'à sa Création s'attache à donner des règles de vie complexes et difficilement compréhensibles telles que celles du *Talmud*. De ce manque d'intérêt des Juifs, voire de leur Dieu, pour la Création, il n'y a qu'un pas à franchir pour indiquer qu'il ne saurait y avoir de métaphysique émanant d'un Juif tel qu'Einstein. La métaphysique, au sens de la réflexion sur les origines du monde, ne saurait être pratiquée par les Juifs : s'appuyant sur la Bible, cette réflexion ne peut émaner que des chrétiens. Bien au contraire, les Juifs, pervertis par l'importance du *Talmud* – livre de recettes et de règlements –, ne peuvent que participer à une vision matérialiste du monde, à l'opposé de la métaphysique. Il en va ainsi d'Einstein qui, avec ses postulats et règles talmudiques de la relativité restreinte, annihile la réflexion métaphysique sur la Nature et la Création et nous ramène à un matérialisme absolu.

XVI

L'Allemagne allait connaître elle aussi ses « flibustiers de la science », scientifiques de second rang, non-scientifiques, militants nationaux-socialistes qui font cause commune contre la relativité dans les années 1920-1922. À la différence de la France où les flibustiers antirelativistes cherchent plutôt, chacun pour soi, une reconnaissance académique, en Allemagne des conjonctions d'intérêts de circonstance aboutissent à une union antirelativiste qui cherchera à se faire connaître dans le grand public.

Un activiste nazi, Weyland, fonde en 1920 avec un physicien, Gehrcke, une « Arbeitsgemeinschaft deutscher Naturforscher zur Erhaltung reiner Wissenschaft », en abrégé AdN (Communauté de physiciens allemands pour la préservation d'une science pure). Cette entité bénéficie de fonds, sans doute d'origine politique, pour l'organisation de ses meetings et la parution de placards dans la presse. La première salve de sa campagne antirelativiste a lieu en 1920 ; un article du 6 août 1920 de Weyland dans le journal *Täglische Rundschau* ouvre les hostilités : la relativité y est qualifiée de « grand bluff » et Einstein de « plagiaire ». Cet article était destiné à préparer le premier meeting antirelativiste grand public, qui se tient dans la salle du *Berlin Philarmoniker*, le 24 août 1920 : la relativité y est comparée par Weyland à du dadaïsme scientifique. Dans le hall d'entrée sont vendus, à l'instigation de Weyland, des insignes en forme de croix gammée et des brochures antisémites.

Curieusement, Einstein avait assisté au meeting, avec certains de ses collègues (Nernst, von Laue), non par provocation mais par souci de participer à un débat public sur la relativité. Face à la tournure prise par la réunion, c'est par voie de presse qu'Einstein répondra, trois jours plus tard, dans une tribune du 27 août 1920 du *Berliner Tageblatt,* intitulée « Ma réponse. À propos de la SARL antirelativité ». C'est la première fois – et ce sera la seule fois – où Einstein répond publiquement à un article antirelativiste non scientifique. Le fait qu'il répond et la forme de sa réponse suscitent à l'époque un certain étonnement de la part de ses collègues et amis[1]. Il s'en prend pour la première fois ouvertement à Lenard, qui avait été cité par Weyland à l'appui de ses critiques :

> « Comme adversaire déclaré de la théorie de la relativité, je ne vois guère, parmi les physiciens de niveau international, que Lenard. J'admire en Lenard le maître de la physique expérimentale ; en physique théorique, il n'a cependant rien produit encore, et ses objections à l'encontre de la théorie de la relativité générale sont d'une telle pauvreté que je n'ai pas jugé nécessaire jusqu'à maintenant d'y répondre dans le détail. J'envisage de rattraper cela. »

---

1. Dans une lettre du 9 septembre 1920 à Max Born, Einstein reconnaîtra que son article était une erreur (voir Annexe 2, ainsi que le texte complet de l'article). En ce qui concerne Lenard, la chronologie de cet incident est assez complexe (bibliographie [39a]) : Weyland avait cité Lenard comme l'appuyant, sans toutefois que Lenard soit présent au meeting du *Philharmoniker* pour le confirmer. Einstein connaissait l'opposition de Lenard à sa théorie, par des écrits antérieurs de Lenard, mais fut surpris de le voir cité par un activiste antisémite : d'où son paragraphe sur Lenard. Celui-ci eut alors beau jeu de jouer l'offensé, et d'exiger *via* la communauté scientifique (Sommerfeld notamment) des excuses d'Einstein, que celui-ci produira dans une lettre au *Berliner Tageblatt* un mois plus tard. Pourtant Einstein, s'il avait raison sur le fond, avait aussi raison sur la forme : même si Lenard n'assistait pas au meeting du 24 août, la collusion avec Weyland était effective, puisque les deux hommes s'étaient rencontrés avant le meeting, ce qui avait permis à Weyland de citer Lenard.

Cette phrase sonne le glas des relations entre les deux hommes, qui étaient empreintes de respect jusqu'en 1914, et dont les échanges étaient restés à fleuret moucheté jusqu'en 1920. Par ailleurs, Einstein évoque pour la première fois ses origines juives comme étant une possible cause de cette campagne antirelativiste... Lenard y fera écho deux ans plus tard dans la préface d'un de ses livres, de façon qui pouvait être retournée contre lui, comme toute bouffée antisémite peut l'être :

> « C'est une caractéristique juive que de transformer immédiatement les questions factuelles en combats personnels. »

Paul Weyland, le tueur d'Einstein

Le principal protagoniste de cette campagne publique est Paul Weyland (1888-1972), antisémite nazi militant ; on le trouve deux fois sur la route d'Einstein, en 1920 et en 1950. Le *Berliner Tageblatt* n'hésite pas à le présenter comme « Le tueur d'Einstein » en septembre 1920, à la suite de la réunion antirelativiste du 24 août. Qui était-il ? Einstein lui-même s'interroge, avec une certaine lucidité, sur le caractère interlope du personnage dans son article du 27 août 1920 :

> « Qui est Weyland ? Ce n'est pas un homme de science. Un médecin ? un ingénieur, un politicien ? Je n'ai pas pu le savoir. »

Comme le dit Stefan Zweig dans son introduction à *Sternstunden der Menschheit* : « Parfois, très rarement, une personne sans aucune valeur monte sur la scène mondiale, simplement pour sombrer peu après dans le néant. » Ceci s'appliquerait bien à Weyland, dont on perd en effet rapidement la trace après ses conférences antirelativistes de l'automne 1920. C'est un chercheur est-allemand, Andreas Kleinert, qui a reconstitué dans les années 1980 le parcours de Weyland. Après l'automne 1920, Weyland ne poursuit pas sa campagne antirelativiste ; le 31 octobre 1921, il débarque à New York et déclare à la douane se rendre à Saint-Paul (Minnesota) : ce voyage n'est sans doute pas sans rapport avec ses activités à Berlin, puisqu'à Saint-Paul se trouvaient Arvid Reuterdahl et le noyau fondateur des antirelativistes américains. On retrouve la trace de l'aventurier véreux Weyland dans l'Espagne franquiste en 1936, puis en Allemagne où il a des démêlés avec son propre parti national-socialiste, il est interné au camp de Dachau en septembre 1943 !

Einstein le croisera de nouveau sur sa route bien plus tard. Weyland émigre aux États-Unis en 1948 ; cherchant à se faire naturaliser citoyen américain, il se met au service du FBI en plein maccarthysme. Il se présente au bureau du FBI à Miami le 4 septembre 1953 et fait enregistrer une déposition contre Einstein, où il l'accuse pêle-mêle d'avoir produit « une soi-disant théorie de la relativité » en 1905, d'avoir été concélébré par la presse allemande de gauche en 1920, et en fait de n'être pas scientifique mais agent communiste, l'accusant même de s'être proclamé communiste dans son fameux article du *Berliner Tageblatt* du 27 août 1920. Cet article qu'Einstein n'aurait sans doute pas dû écrire lui a causé du tort, non seulement lors de sa parution, mais aussi trente-trois ans plus tard ! La déposition de Weyland arrivait en effet à point nommé puisque, depuis 1948, Edgar Hoover, directeur du FBI, diligentait à propos d'Einstein – pourtant installé depuis vingt ans sur le sol américain – une enquête[1] qui faisait déjà mille cinq cents pages, sans aucune charge avérée. Hoover s'empare de la déposition de Weyland, car elle aurait signifié qu'Einstein a fait une fausse déclaration à son arrivée aux États-Unis en 1933 : comme tout immigrant, il devait déclarer qu'il n'était pas communiste. Las ! L'article berlinois retrouvé par le FBI trois mois plus tard ne mentionne rien

---

1. Un journaliste américain a écrit un ouvrage sur le dossier du FBI, voir bibliographie [61]. Si les activités pacifistes d'Einstein, depuis « L'Appel aux Européens » de 1914 (chapitre VI) jusqu'au manifeste Russell-Einstein de 1954 (quatre mois avant la mort du physicien), sont bien connues, son soutien à des associations d'émancipation des Noirs aux États-Unis, que détaille cet ouvrage, est moins connu.

de tel, la pseudo-enquête d'Hoover continue à s'enliser, et Einstein meurt seize mois plus tard.

Gehrcke, cinquante ans d'antirelativisme

Le physicien allemand Ernst Gehrcke (1878-1960) est le troisième acteur, avec Lenard et Weyland, de cette campagne antirelativiste en Allemagne au cours de l'été 1920. À l'inverse de Weyland, il n'a rien d'un aventurier : il est représentatif de cette bande de « petits maîtres », scientifiques de second rang, totalement hermétiques et opposés à la relativité, et par ailleurs foncièrement antisémites. Quasi contemporain d'Einstein (1879-1955), il est physicien expérimental et travaille de 1901 à 1946 au *Physikalische-Technische Reichsanstalt* (PTR) à Berlin, que présidera Stark de 1933 à 1939. Gehrcke y terminera sa carrière comme directeur du département d'optique. Il reste connu pour son matériel d'interférométrie optique, la lame de Lummer-Gehrcke. Son collègue Otto Lummer (1860-1925), physicien du PTR comme lui, participe aussi à cette campagne antirelativiste en tenant à Breslau en 1920 trois conférences ayant pour titre : « Vérité et fiction dans la physique ». Le *Schlesische*[1] *Volkszeitung* du 3 octobre 1920 en informe ainsi ses lecteurs :

> « Le professeur Lummer a été chaleureusement approuvé et applaudi par un auditoire très attentif, lors d'exposés au cours desquels il sut ramener à de justes proportions l'importance des mérites d'Einstein, dissipant ainsi "le frisson mystique" et mettant fin à la mascarade dont les disciples d'Einstein entourent la doctrine de leur maître. »

---

1. *Schlesien*, la Silésie, est une de ces régions frontières dont Hitler prendra prétexte pour déclencher la Seconde Guerre mondiale, et qu'il envahira lors du déclenchement des hostilités en septembre 1939. La Silésie appartient maintenant à la Pologne ; la ville de Breslau (*alld.*) est devenue maintenant Wroclaw (*pol.*)

Gehrcke écrit en 1922 un livre intitulé *Die Massensuggestion der Relativitätstheorie*[1]. Cette approche et ce titre rappellent indiscutablement celle de Le Bon, auteur du best-seller *Psychologie des foules* (voir chapitre XI), auquel Gehrcke rend hommage en conclusion, et qu'il cite dans sa courte bibliographie de six ouvrages :

> « Quand, en liaison avec la théorie de la relativité, la presse nous parle d'éclipses, du Soleil, de Copernic, de Galilée, de Newton, de réceptions données par des présidents et des rois – pour n'en citer qu'une partie, on peut dire qu'il s'agit d'envoûtement des foules au sens de Le Bon. »

> « Quand on veut agir sur les foules, on doit donner des images fortes et répéter toujours la même chose. »

S'appuyant sur les trois mille articles de journaux qu'il recevait grâce à un abonnement pris auprès d'une agence de presse avec les mots-clefs « Einstein » et « relativité », Gehrcke essaie de montrer comment la presse de tous les pays, dans le cadre des voyages que fait Einstein dans les années 1920, s'est laissé mystifier par le personnage et sa théorie. On peut au passage admirer le caractère méticuleux du scientifique Gehrcke, découpant, classant, collant, collectionnant ces trois milles articles de presse ! Ironie du sort, la collection Gehrcke sert maintenant de matériau de recherche à des chercheurs intéressés à étudier la pénétration d'une théorie scientifique comme la relativité dans le grand public à travers la presse.

On ne trouve pas après 1923 trace d'un engagement de Gehrcke en faveur des nazis, ni même dans la physique aryenne. Toujours antisémite, il restera aussi viscéralement antirelativiste, c'est son principal ressort. Il participe à un congrès de science parallèle en 1958, à l'âge de quatre-vingts ans, et deux ans avant sa mort (deux ans aussi avant l'expérience de Pound et Rebka, troisième test de la

---

1. *Trad. :* « L'autosuggestion des masses par la théorie de la relativité. »

relativité générale qui va la relancer de manière spectaculaire...). Ce congrès de novembre 1958, tenu en Autriche au bord du Danube, a pour thème « La crise de la théorie de la relativité », et ses actes sont publiés dans une revue au titre évocateur « Science en devenir » (*Wissen im Werden*). À cette occasion est fondée une Société pour la physique rationnelle et la science[1], dont Gehrcke est premier membre d'honneur, et où l'on retrouve aussi l'astronome antirelativiste et antisémite Bruno Thüring.

Où les activistes nazis nous mènent à Henry Ford

Dans la croisade antirelativiste qu'il mène entre 1920 et 1923 avec Lenard et les activistes pronazis, Ernst Gehrcke va nouer des liens outre-Atlantique avec un certain Arvid Reuterdahl (1876-1933), américain d'origine suédoise, doyen de la faculté d'ingénierie et d'architecture de Saint-Paul (Minnesota). Celui-ci fonde en 1921 une *Academy of Nations,* association qui n'avait rien d'une académie mais qui fonctionnera rapidement comme un réseau international d'adversaires d'Einstein : après des échanges de courrier entre Reuterdahl et Gehrcke, celui-ci s'affilie à l'*Academy of Nations* en en créant l'antenne allemande[2]. Dès 1921, date du voyage d'Einstein aux États-Unis, l'*Academy of Nations* et Reuterdahl font paraître des articles opposés à la relativité dans la presse grand public de Minneapolis et Saint-Paul. Ainsi, le journal *Minneapolis Sunday Tribune* du dimanche 10 avril 1921 titre :

---

1. À quarante ans d'intervalle, le nom de cette association ressemble à celui de l'association que Gehrcke crée avec l'activiste Weyland en 1920, la « Communauté de chercheurs allemands pour la préservation d'une science pure ».
2. Écrivant à Reuterdahl, Gehrcke se dit obsédé par la recherche de la vérité dans la science, et indique même désirer un « impérialisme de la vérité » ; Gehrcke à Reuterdahl, 17 octobre 1921, cité dans Wazeck bibliographie [57b] ; *in* fonds Reuterdahl bibliographie [59].

« Einstein branded Barnum of science, Minnesota man calls relativity bunk[1]. »

Reuterdahl allait agréger un certain nombre de personnes aux États-Unis autour de lui, mais ce qui donnera un impact significatif à l'*Academy of Nations*, c'est le lien qu'elle tisse avec le magnat de l'automobile Henry Ford (1863-1947). Reuterdahl se vante qu'Henry Ford lui a accordé sa confiance dans ses publications, sachant que tous les autres journaux américains sont, selon Reuterdahl, manipulés par Einstein. Gehrcke félicite d'ailleurs Reuterdahl d'avoir pu obtenir le soutien de Ford dans la lutte contre la relativité. Il espère aussi orienter cette manne financière vers le mouvement antirelativiste allemand : en effet, compte tenu du taux d'inflation allemand dès le début des années 1920, il avait du mal à imprimer et publier ses articles. Dans cette optique, Gehrcke donne des conseils avisés à Reuterdahl :

« Ford aura intérêt à démasquer l'einsteinisme. Einstein est le Saint national de sa race. »

On retrouve aussi, parmi les correspondants européens de Reuterdahl, l'antirelativiste suisse Édouard Guillaume (chapitre XII), qui souhaite faire connaître ses travaux dans le livre *The Fallacies of Einstein* que prépare Reuterdahl[2] : Guillaume se plaint de ne pouvoir le faire dans des journaux en Europe car

« il est impossible de faire admettre des attaques directes contre Einstein. À ce point de vue, l'esprit en Europe est encore

---

1. On peut traduire ce gros titre, laissé en anglais compte tenu de son caractère expressif, par : « Einstein promu tel un illusionniste de la science, une personne du Minnesota qualifie la relativité de non-sens ». Ces accusations de Reuterdahl sont reprises dans la presse allemande, *Neue Preußische Zeitung* du 11 avril 1921, *Dresdner Anzeiger* du 18 avril 1921, bibliographie [40].
2. Ce livre ne verra pas le jour ; la correspondance Guillaume-Reuterdahl se trouve au fonds Reuterdahl de l'Université de Saint-Thomas-Saint-Paul (Minnesota) ; bibliographie [59], côte 4-19.

plus fanatique qu'en Amérique. [...] C'est la raison pour laquelle je me suis adressé à vous, pensant que la libre Amérique serait plus accueillante que la vieille Europe ».

Manifestant son soutien aux idées antirelativistes de Reuterdahl, qui rejoignent ses propres idées antisémites, Ford lui confie la rubrique scientifique de son quotidien *The Dearborn Independent*[1]. Ford n'y écrivait pas lui-même, mais finançait le journal et confiait ses idées à ses rédacteurs. *The Dearborn Independent*, qui parut de 1919 à 1927, atteignit de 700 000 à 900 000 exemplaires à son apogée ; il était distribué gratuitement sur tout le territoire américain à travers le réseau des concessionnaires Ford. Le *Dearborn Independent* publie une centaine d'articles violemment antisémites de mai 1920 à juillet 1927. Ces articles seront regroupés sous le titre *The International Jew : the world's foremost problem ;* considéré comme un équivalent dans son contenu des *Protocoles des sages de Sion*, il sera lu et apprécié par Hitler, traduit en allemand et édité par les nazis en 1940 ; on peut largement le trouver de nos jours sur Internet. Dans la rubrique scientifique qu'il tient chaque semaine dans le *Dearborn Independent*, Reuterdahl attaque de manière répétée la théorie de la relativité. Le 22 mars 1924, dans un article intitulé « La débâcle de l'einsteinisme », on peut lire à propos d'une horloge accrochée à une roue en mouvement :

« Ce sont seuls les Einsteiniens qui sont responsables du "ralentissement" de l'horloge ; pas la rotation de la roue. »

« Maintenant que les Einsteiniens ont été obligés de se découvrir, la débâcle complète de l'Einsteinisme est inévitable dans un futur proche. »

---

1. De la ville de Dearborn, Michigan, berceau des automobiles Ford (Dearborn est située près de Detroit).

En 1921, le *Dearborn Independent* publie une chronique violemment antisémite, à l'instar des numéros de *La Vieille France*[1], et s'en prend à la « tribu juive » dans un article consacré à Einstein :

> « La tribu ne génère pas d'idées ; elle s'en saisit et les exploite.
> La tribu n'est pas à l'aise dans l'étude, mais sur scène. »

L'édition du 6 août 1921 du *Dearborn Independent* annonce en première page un article titré « And now Leprosy is Yielding to Science » (« Et maintenant la lèpre atteint la science »). Quelques mois plus tard, dans l'édition du 7 janvier 1922, Reuterdahl publie le manifeste de l'Académie des Nations, qui indique :

> « Le monde intellectuel est encore en conflit dans le domaine
> de la connaissance. L'envol météorique d'Einstein marque le
> début de cette coupure dans le royaume moderne de la
> connaissance. [...] Maintenant le monde intellectuel est large-
> ment divisé entre les écoles antirelativiste et relativiste[2]. »

Henry Ford recevra la grande croix de l'ordre de l'Aigle allemand le 30 juillet 1938 : deux émissaires du régime nazi viendront la lui remettre à Dearborn.

Cent auteurs contre Einstein

La deuxième salve de la campagne antirelativiste en Allemagne a lieu en 1922. Comme pour le congrès de Bad Nauheim en 1920, elle a pour cadre le congrès d'une autre société savante, la Société allemande des scientifiques et des médecins, réunie à Leipzig en

---

1. Voir chapitre XIII ; l'article du 13 avril 1922 de l'antisémite Urbain Gohier dans *La Vieille France* cite explicitement les accusations de Reuterdahl, ce qui montre un certain lien entre ces activistes.
2. Cité par M. Wazeck, bibliographie [57b].

septembre 1922 à l'occasion de son centenaire. Einstein, en tant que membre éminent de cette société, y est attendu. Or le climat s'est tendu depuis 1920, la presse se fait l'écho de menaces de mort contre lui : cela méritait d'être pris au sérieux, de telles menaces avaient déjà été proférées lors de son voyage en France en avril de la même année ; entre-temps, en juin, le ministre des Affaires étrangères, le socialiste juif Rathenau, ami d'Einstein, avait été assassiné par un extrémiste de droite. Dans ce contexte, Einstein décide de ne pas aller à Leipzig. Max Planck, président de la Société allemande de physique, est scandalisé qu'une bande d'activistes politiques puisse dicter sa conduite à un grand scientifique comme Einstein. Planck demande à Max von Laue, spécialiste allemand de la relativité, de prononcer, en l'absence d'Einstein, la conférence prévue sur la relativité. Comme l'écrit Planck à Wilhelm Wien le 9 juillet 1922 :

« Les choses étant ce qu'elles sont, cette substitution entre Einstein et Laue a peut-être au moins l'avantage que ceux qui croient encore que le principe de relativité est à la base une propagande juive pour Einstein en deviendront mieux instruits. »

Lors de ce congrès est rendue publique une déclaration signée de dix-neuf physiciens, mathématiciens, philosophes, parmi lesquels les physiciens Lenard, Gehrcke, Glaser[1], tous trois déjà actifs lors de la première salve antirelativiste d'août 1920 :

« Les soussignés déplorent profondément que l'opinion publique soit induite en erreur par la mise en avant de la théorie de la relativité comme solution au mystère de l'univers. [...] Ils considèrent la relativité non seulement comme une hypothèse non prouvée, mais aussi comme une fiction erronée à la base

---

1. Ludwig Glaser était un physicien qui avait fait sa thèse à Würzburg sous la direction de Johannes Stark. Il participe à la réunion du *Deutscher Philarmoniker* à Berlin en août 1920, et sera membre du parti nazi à partir de 1932. Stark lui-même ne participe ni à la campagne de 1920, ni à celle de 1922.

et intenable logiquement. [...] Ils considèrent comme inconciliable avec le sérieux et la dignité de la science allemande le fait qu'une théorie contestable au plus haut degré soit diffusée dans le grand public de manière aussi prématurée et avec une telle propagande. »

Cette déclaration est publiée dans le journal conservateur *Die Wahrheit* le 23 septembre 1922. Elle est traduite en français par *La Revue générale des sciences pures et appliquées* dans son numéro du 15 novembre 1922. Cinq de ses signataires seront parmi les « Cent auteurs contre Einstein », livre publié en 1931.

C'est en effet en 1931 qu'une coalition analogue de personnalités d'origines très différentes et aux intérêts très hétérogènes, fait paraître un livre intitulé *Cent auteurs contre Einstein*[1], dont Einstein dira : « Si ma théorie était fausse, un seul auteur aurait suffi ! » Dans ce ramassis d'opinions antirelativistes, vingt-huit auteurs contribuent de manière effective à l'ouvrage (certains par le biais d'une seule phrase), dix-neuf auteurs y sont cités avec un extrait d'un de leurs ouvrages, et soixante-treize auteurs y sont simplement mentionnés comme antirelativistes. La préface présente l'objectif du livre :

« C'est le but de cette publication de s'opposer, grâce à un aperçu du nombre et de la qualité des opposants et de leurs arguments, à la terreur que font régner les Einsteiniens. C'est

---

1. Titre allemand *Hundert Autoren gegen Einstein. NdA :* Ce livre n'a jamais été traduit, et est impossible à se procurer en France. Il semble exister dans quelques bibliothèques allemandes ou tchèques. Une correspondance avec l'auteur d'un site antirelativiste allemand m'avait permis de savoir qu'il serait réimprimé courant 2005 par un certain Hans Kaegelmann, dans le cadre d'un livre que Kaegelmann avait écrit et qu'il allait faire paraître, *Die Relativitätstheorie fällt* (*La Théorie de la relativité s'écroule*, bibliographie [38]). Kaegelmann y est présenté comme médecin, philosophe, universaliste, auteur de nombreux livres dans de nombreux domaines. Une rapide conversation téléphonique avec Kaegelmann pour connaître les modalités d'achat du livre lui a laissé le temps de me demander quel était mon métier. À ma réponse « ingénieur », j'entendis au bout du fil une voix d'un certain âge, éraillée, me répondre : « Ah, ingénieur ? Donc vous aimez la science sérieuse, pas celle qui n'a pas de sens ! » De l'antirelativisme en direct...

aussi notre but d'éclairer le grand public et de l'aider dans la solution des sujets en discussion. »

On trouve, parmi les vingt-huit auteurs effectifs[1], Lasker, le célèbre champion du monde d'échecs de 1894 à 1921. Emanuel Lasker (1868-1941), scientifique, docteur en mathématiques de l'Université d'Erlangen, avait étudié les mathématiques sous la direction d'Hilbert. Esprit brillant, il écrivait des traités sur les jeux (échecs bien sûr, bridge, écarté, poker), mais aussi sur la philosophie, où il se définissait comme élève de Bergson. D'où, peut-être, son hostilité à la relativité, et les huit lignes qu'il y consacre dans *Cent auteurs contre Einstein* : il y indique qu'il n'accepte pas le caractère fini de la vitesse de la lumière et critique la méthode déductive d'Einstein. Déjà, en 1928, Lasker avait fait paraître un ouvrage *La Culture en danger*, dans lequel on pouvait lire :

« La théorie de la relativité comme un Tout, comme un système d'explication de la réalité, est erronée aussi bien dans ses méthodes que dans ses résultats. »

Dans les années 1910 pourtant, Lasker jouait avec Einstein et Planck des parties d'échecs au Café Romain de Berlin, et bien sûr les battait toujours ! Il discutait avec Einstein de la relativité, en jouant le rôle du sceptique. Ironie du sort, certains théoriciens des échecs baptisèrent Lasker un « Einstein des échecs », qui avait révolutionné le jeu[2] par rapport à son prédécesseur le champion du monde Steinitz ! Qu'était allé faire Lasker dans cette galère de *Cent auteurs contre Einstein ?* En 1933, Einstein et Lasker allaient retrouver un sort commun, puisque Lasker, juif, quitte l'Allemagne lui

---

1. On retrouve aussi parmi ces auteurs le professeur américano-suédois du Minnesota, Arvid Reuterdahl, correspondant des antirelativistes allemands aux États-Unis (voir chapitre XVI).
2. Lasker aurait appliqué au jeu d'échecs le fameux principe « tout est relatif », qui n'a pas grand-chose à voir avec la relativité : un champion ne joue pas dans l'absolu, mais en tenant compte de l'attitude de l'adversaire, par exemple.

aussi, et, après deux années passées en Union soviétique – en bon joueur d'échecs –, émigre aux États-Unis en 1937, où il revoit son ami Einstein : il meurt à Manhattan en 1941.

Parmi ces vingt-huit auteurs se trouve un Français – c'est aussi le seul scientifique d'un certain niveau – Jean Le Roux (1863-1949), professeur à la faculté des sciences de Rennes. Son article s'intitule tout simplement : « La banqueroute de la théorie de la relativité ». Le Roux est mathématicien, auteur de travaux d'analyse géométrique lui ayant valu le Grand Prix de l'Académie des sciences en mathématiques en 1922. Il est d'ailleurs l'auteur d'une majorité des notes antirelativistes à l'Académie des sciences après 1922, où il tentera vainement de se présenter à huit reprises. Le Roux est, par sa contribution à cet ouvrage, le seul lien entre antirelativistes allemands et français, qui évoluent dans un milieu plus académique.

Un autre nom connu parmi les vingt-huit auteurs est Hjalmar Mellin (1854-1933). Brillant mathématicien finlandais, élève du mathématicien suédois Mittag-Leffler, qui fonde l'Académie des sciences de Finlande, son nom reste attaché à la transformation de Mellin, transformation intégrale comparable au laplacien. Ce n'est que pendant les dix dernières années de sa vie, à l'âge de soixante-dix ans, qu'il s'intéresse à la relativité : entre 1925 et 1933, il fait paraître huit communications antirelativistes à l'Académie finnoise des sciences. Dans la dernière, intitulée « Les contradictions de la théorie de la relativité », on peut lire :

> « Les positions influentes dans les universités et les grandes écoles ainsi que dans les revues scientifiques de grande diffusion sont occupées par des Einsteiniens, qui cherchent à empêcher leurs opposants d'obtenir de telles positions, et de faire connaître leurs opinions antieinsteiniennes. »

On peut suivre l'histoire du livre de 1931 *Cent auteurs contre Einstein* ; il a été réimprimé en Allemagne au cours de l'année de la physique en 2005 au sein d'un ouvrage plus volumineux imprimé à compte d'auteur par trois antirelativistes actuels, *La Théorie de la relativité s'écroule – Ce qui reste et ce qui s'effondre dans la physique moderne.* Il contient une lettre assez édifiante au chancelier allemand Gerhard Schröder d'un nommé Georg Bourbaki, qui serait un pseudonyme cachant un collectif de scientifiques allemands souhaitant rester dans l'anonymat[1]. Dans cette lettre du 14 janvier 2005, il enjoint le chancelier Schröder de ne pas participer à l'inauguration de l'Année mondiale de la physique quelques jours plus tard ; curieusement, dans certains pays comme en Allemagne, cette commémoration est baptisée « Année Einstein », ce qui n'apaisa sans doute pas les antirelativistes ! Pour Bourbaki, ces festivités ne seraient représentatives que d'une minorité de la population allemande, et à propos de cette population il conclut sa lettre ainsi, faisant un parallèle incongru entre Hitler et Einstein :

> « Nous Allemands avons pendant dix bonnes années levé notre bras en hurlant "Heil Hitler". C'est pourquoi nous préférerions nous épargner cette "profession de foi relativiste" prescrite par l'État. »

---

1. Un autre antirelativiste actuel allemand qui souhaite rester dans l'ombre est G.O. Mueller (bibliographie [47]). Il a fait un travail fastidieux (1 160 pages) de recensement et de commentaires sur tous les livres et articles opposés à la relativité restreinte (3 789 livres ou articles, qu'il appelle « preuves ») ; comme il est précisé en introduction de son œuvre, quiconque souhaitant contacter Mueller doit passer une annonce payante dans le *Frankfurter Allgemeinezeitung* le premier lundi d'un mois de février, mai ou novembre.

XVII

Lenard, comme on l'a vu, est l'idéologue de la science vue par les nazis. Théoricien, homme d'influence, très peu politique, plus âgé que Stark – il a soixante-dix ans au moment où les nazis accèdent au pouvoir, il n'aura pas de responsabilités opérationnelles sous le régime nazi. Sa collusion avec des activistes et militants nazis dénote la personnalité d'un aventurier, « tête brûlée », ou celle d'un scientifique jusqu'au-boutiste, naïf et sans aucun discernement politique.

Stark sera, lui, un homme d'ambition et de pouvoir, introduit dans les milieux politiques et médiatiques ; il saura habilement utiliser son précoce engagement nazi et sera – de 1933 jusqu'à sa retraite en 1939 – au faîte du pouvoir scientifique national-socialiste, sans toutefois accéder au rang de ministre. Il apportera l'aura et la caution de son prix Nobel au pouvoir nazi, mais sera largement instrumentalisé par celui-ci.

1933, jubilation des deux comparses Nobel

La correspondance entre Lenard et Stark à partir de 1933 reflète bien leur connivence politique. Dès l'arrivée d'Hitler au pouvoir le 30 janvier 1933, Stark se réjouit auprès de Lenard de pouvoir enfin

« appliquer notre conception de la science et de la recherche » (lettre du 3 février 1933). Lenard, lui, s'adresse directement à Hitler par lettre du 21 mars 1933, en lui proposant de donner son avis sur toutes les questions de personnes touchant à la recherche et à l'enseignement supérieur, avis qu'il donnerait « de manière brève et du point de vue suprême du renouveau allemand ». À propos de la *Kaiser-Wilhelm Gesellschaft (KWG)*[1], présidée par Max Planck, plusieurs lettres entre Stark, Lenard et le mathématicien nazi Theodor Vahlen (1869-1945), directeur au ministère de l'Éducation national-socialiste (voir chapitre XV), donnent le ton de ces avis :

> « Beaucoup d'efforts seront nécessaires pour faire quelque chose de sensé de cette affaire purement juive, que l'on devrait commencer par casser. »

> « C'était dès le commencement – auquel j'ai participé – un avorton juif, dont le but caché était d'appâter les Juifs par l'argent, et de porter les Juifs, leurs amis et esprits semblables dans des positions confortables et influentes de "chercheurs[2]". »

> « On doit conduire une séparation nette entre l'État et les partenaires privés de la KWG (Juifs, démocrates et francs-maçons). [...] Avec ces règles, l'influence néfaste des gens de la KWG (Planck, v. Laue, Debye[3], etc.) sur la recherche allemande devrait être considérablement réduite. »

Lors de la nomination de Stark en 1933, Lenard écrit le 13 mai un article empreint de jubilation, intitulé « Un grand jour pour la recherche scientifique », dans le quotidien du parti nazi, *Der Völkische Beobachter* :

---

1. La KWG, fondée en 1911, est devenue sous le nom de « Max Planck Gesellschaft » la principale entité de recherche en Allemagne, avec quarante-huit instituts et un budget annuel de 1,3 milliard d'euros.
2. Cette lettre du 6 avril 1936 de Lenard à Vahlen se termine par « Heil Hitler ! »
3. Respectivement prix Nobel de physique 1918 (Planck), de physique 1914 (von Laue), de chimie 1936 (Debye).

« La nuit s'était abattue sur la physique. Les Juifs s'étaient infiltrés en nombre aux postes de premier plan dans les universités, dans les académies et, du même coup, le fondement de toute science de la nature, l'observation de la nature elle-même tombaient dans l'oubli et perdaient leur validité. On devait aller chercher la connaissance de la nature en partant d'idées humaines. Ces idées, aussitôt appelées "théories" devaient être "confirmées" par des expérimentateurs qui, comme il se doit, le faisaient rapidement et de manière superficielle. La "liberté de la recherche" prit alors une tournure particulière, toute critique ouverte de ces procédés étant alors impossible. »

« M. Einstein offre l'exemple le plus frappant de l'influence néfaste de la recherche juive dans le domaine des sciences, avec ses "théories" mathématiques rassemblant sommairement de solides résultats déjà connus et quelques ingrédients personnels arbitraires. Ses théories s'effondrent déjà, comme c'est le destin de toute réalisation contraire à la nature. On ne peut pas épargner aux chercheurs de haut niveau le reproche d'avoir laissé le "Juif de la relativité" prendre solidement pied en Allemagne, sans voir ou sans souhaiter voir que c'était une erreur – y compris hors du domaine scientifique – et d'avoir considéré ce Juif comme un "bon Allemand". »

Le Roi des Aulnes

Une des premières interventions publiques de Stark en tant que président du PTR a lieu le 18 septembre 1933 lors de la Conférence annuelle des physiciens à Würzburg. Max von Laue, prix Nobel de physique 1913, auteur des premiers manuels de relativité au monde, compare l'attitude du national-socialisme envers Einstein à celle de l'Inquisition envers Galilée[1]. Stark répondra en

---

1. Max von Laue « Ansprache bei Eröffnung der Physikertagung in Würzburg », *Physikalische Zeitschrift 34* (15 décembre 1933).

donnant un avant-goût de ses projets pour réformer la science allemande :

> « Nous pouvons même espérer que le grand Führer du peuple allemand, Adolf Hitler, grâce aux multiples facettes de son génie, sera intéressé au projet de construction d'instituts scientifiques et technologiques pour le Reich. »

À la fin de son discours, il invoque Goethe et le fameux poème *Der Erlkönig* (Le Roi des Aulnes), faisant résonner le célébrissime vers, tel une menace à l'égard des scientifiques allemands :

> « Und folgst du nicht willig, so brauch ich Gewalt[1]. »

En août 1934, à la mort d'Hindenburg, le parti nazi fait campagne pour qu'Hitler cumule les fonctions de chancelier et de président. Stark souhaite rallier à cette campagne de grands scientifiques allemands et leur envoie pour signature, sans succès, le télégramme suivant[2] :

> « Nous, scientifiques allemands, considérons et admirons Adolf Hitler comme le sauveur et le leader du peuple allemand. Sous sa protection et son impulsion, notre travail scientifique bénéficiera au peuple allemand et accroîtra la réputation allemande dans le monde. »

Le 13 décembre 1935, Stark, au sommet de sa gloire, président du *Physikalische-Technische Reichanstalt* et de la *Deutsche Forschungsgemeinschaft*, fait un discours en l'honneur de son ami Lenard

---

1. « Et si tu ne me suis pas de ton plein gré, alors j'utiliserai la force. » Cette conclusion, non reprise dans la transcription officielle sous forme d'article dans une revue scientifique, a été attestée par un physicien théoricien, Friedrich Hund, de Göttingen (1896-1997), participant de la réunion de Würzburg (voir réf. [52b]).
2. On a retrouvé trace des télégrammes de Stark à Walther Nernst et à Werner Heisenberg.

lors de l'inauguration de l'institut portant son nom à Heidelberg. Ce discours est reproduit dans la prestigieuse revue intellectuelle du parti nazi, les *Cahiers mensuels nationaux-socialistes*, en février 1936. Einstein y est présenté comme le grand-prêtre de la physique juive ; la « propagande juive » a voulu en faire le plus grand scientifique de tous les temps. Stark associe dans un même opprobre la théorie de la relativité d'Einstein, la théorie des matrices d'Heisenberg en mécanique quantique, et la « soi-disant » mécanique ondulatoire de Schrödinger, toutes trois aussi formalistes, opaques, et finalement fausses.

> « Le formalisme juif est à proscrire en toutes circonstances dans la science. »

Stark réaffirme avec force la primauté de l'expérience sur la théorie, de la science pure sur ses applications, du travail sur la propagande :

> « Il est de second ordre pour nous de savoir si et comment une nouvelle découverte peut être formulée mathématiquement, ou mise en valeur techniquement ou commercialement. »

> « Il est caractéristique que plus tard Einstein ait formalisé mathématiquement la découverte de Lenard, et surtout qu'il ait obtenu le prix Nobel pour cette formalisation. »

> « Alors que depuis quinze ans la théorie de la relativité a été érigée comme déesse toute-puissante de la science, Lenard s'est élevé sans crainte contre la folie relativiste, et a expliqué le caractère dénué de sens de cette théorie. »

Stark émet ensuite le principe révolutionnaire selon lequel le scientifique ne doit pas rester indifférent à la politique, principe qu'il s'appliquera pleinement : pour lui, le savant doit prendre part à la destinée de son peuple et participer à son combat pour la liberté et la sécurité. À cet égard, Stark rappelle que, dès 1924, la majorité des milieux universitaires étant opposée à Hitler, deux physiciens de renom international, prix Nobel, Lenard et lui, avaient vu en Hitler le Führer à venir du peuple allemand. Un autre exemple donné par Stark au crédit de l'engagement politique de Lenard est son acte de « résistance » : Lenard avait refusé de mettre le drapeau de son institut d'Heidelberg en berne lors de la journée de deuil du 27 juin 1922 décidée par le gouvernement de Weimar suite à l'assassinat du ministre Rathenau. Stark note au passage qu'à cette époque la « juiverie régnait au gouvernement et dans la rue » :

> « Lenard avait vu dans l'influence toute-puissante de la juiverie l'origine déterminante du malheur du peuple allemand. »

Évoquant « avec plaisir » une conversation avec Lenard en 1928, où chacun d'eux déplorait l'influence juive dans le commerce, l'économie, la politique, la presse et bien sûr la science, Stark rappelle sans fard dans son discours officiel une mémorable phrase de Lenard :

> « Les yeux de Lenard brillèrent... et il dit : "C'est pourquoi les Juifs doivent être envoyés au plus vite jusqu'au centre de la Terre." »

Antisémitisme dans la prestigieuse *revue scientifique* Nature

Mais surtout, et cela ne laisse pas d'étonner, paraît en avril 1938 dans le numéro 141 du prestigieux magazine scientifique *Nature* un article signé de Stark intitulé « The Pragmatic and the Dogmatic Spirit in Physics », qui est une apologie de la physique expérimentale et se conclut ainsi :

> « J'ai dirigé mes efforts contre l'influence dommageable des Juifs dans la science allemande, car je les considère comme les premiers représentants et diffuseurs de l'esprit dogmatique. »

Déjà, en 1934, Stark entretient une polémique dans le courrier des lecteurs de *Nature* ; il cherche à résoudre une soi-disant incompréhension de certains cercles scientifiques anglais sur l'émigration de nombreux savants juifs allemands, et défend la politique d'Hitler en utilisant une parfaite langue de bois :

> « Il n'est pas dans l'idée du gouvernement national-socialiste d'attaquer la liberté d'investigation scientifique. [...] Il n'a pas soumis les savants juifs à un traitement exceptionnel, et ne les a pas forcés à émigrer : il a passé une loi réformant le Code de la fonction publique, qui s'applique à tous les fonctionnaires, et pas seulement à ceux qui relèvent de la recherche. Selon cette loi, les fonctionnaires non-aryens étaient obligés de quitter leur poste s'ils l'avaient pris après 1914. »

> « Aucun gouvernement ne doit se voir nier le droit d'établir de telles lois dans l'intérêt de ses citoyens, et personne, pas même un groupe de scientifiques, ne peut être exempté de la loi. »

La contribution de Stark à la revue *Nature* d'avril 1938 est différente : ce n'est pas une polémique dans le courrier des lecteurs, mais un véritable article, et donc accepté par la revue. Il apparaît comme le premier des articles « scientifiques », juste après les recensions de livres, et juste avant un article sur l'océanographie (voir sa traduction en Annexe 4).

Stark cite Lenard et Rutherford comme symboles de l'esprit pragmatique, tandis que la relativité d'Einstein, fondée sur une définition arbitraire des coordonnées de temps, l'équation de Schrödinger dans la mécanique quantique, obtenue par des acrobaties physico-mathématiques, sont présentées comme symboles de l'esprit dogmatique. Il cite quatre autres physiciens quantiques (Born, Jordan, Heisenberg, Sommerfeld) en les accusant de « faire danser l'électron autour du noyau de manière irrégulière ». Pour Stark, le physicien pragmatique tire satisfaction à faire avancer la science et la représentation de la réalité ; il tient sa reconnaissance de ses collègues et non du public. À l'inverse, le physicien dogmatique, lui, n'attend même pas cinq ans pour savoir si sa théorie est vérifiée ou non, il utilise largement la propagande de la presse pour répandre ses théories... Stark précise que, par comparaison avec la relativité, la propagande n'est pas allée aussi loin (« *matters have not been so bad* ») avec la mécanique quantique, l'autre théorie dogmatique selon lui. Il accorde à « l'esprit dogmatique » le droit de sortir de son domaine habituel de la théologie et de la sociologie, pour s'appliquer à la physique, à condition toutefois que cela ne gêne en aucune manière les physiciens pragmatiques. Il cite Galilée et Newton comme Aryens, de race nordique, la seule capable de générer de grands physiciens. À l'inverse, signe que l'esprit dogmatique est particulièrement répandu dans la race juive, celle-ci a contribué de manière prédominante aux dogmes marxiste et communiste.

Cet article est habilement construit : Stark n'attribue pas de but en blanc l'esprit dogmatique aux Juifs, et l'esprit pragmatique aux Aryens ou Nordiques. Pour arriver à cette conclusion, dans un article qu'il veut *scientifique*, il s'appuie sur des « observations » fondées sur sa propre « expérience étendue ». De même, ce sont des « fréquences d'apparition » de l'esprit dogmatique chez les Juifs qu'il observe : pas de règle générale, mais une démarche *scientifique* basée sur l'observation statistique. Quel que soit le contexte – et il est vrai qu'en règle générale la revue s'est battue contre le pouvoir nazi –, il est étonnant de trouver un tel article dans *Nature*, fondée en 1869, et encore de nos jours la plus prestigieuse des revues scientifiques.

XVIII

Les années 1937-1939, dernières années de ses responsabilités, seront consacrées par Stark à un combat singulier contre ses collègues Planck, von Laue et surtout Heisenberg, coupables d'avoir soutenu Einstein. Stark, loin de s'intégrer dans la machine politico-administrative nazie – il ne sera pas ministre –, consacre plus de temps aux querelles personnelles internes au monde universitaire, dans lesquelles il excellait. Critiquer publiquement le fait que Planck était resté à la tête de la KWG, poste que Stark convoitait, revenait pour le responsable politique qu'il était à se placer hors jeu[1]. S'attaquer publiquement à Heisenberg, pour l'empêcher de succéder à Sommerfeld à la chaire de physique théorique de l'Université de Munich, participait aussi d'une stratégie qui s'avéra à courte vue.

Cette guérilla que Stark mène publiquement est d'ailleurs révélatrice d'une divergence entre la physique aryenne et le pouvoir nazi : tout au long de leur collusion avec les militants et les dignitaires nazis de 1924 à 1940, Lenard et Stark essaieront de les entraîner dans une condamnation de la physique théorique et de la relativité ;

---

1. On peut comparer l'attitude de Stark à celle des journalistes collaborationnistes français qui en demandaient toujours plus dans la collaboration et la destitution des « mous ».

or les nazis se limiteront – si l'on peut dire – à une détestation de la personne d'Einstein et de ce qu'elle représente.

Mais peut-être ce combat d'arrière-garde a-t-il eu une influence sur la victoire du camp allié pendant la Seconde Guerre mondiale : il a retardé la prise de conscience par les nazis de l'importance de la physique théorique (découverte du neutron en 1932, de la fission nucléaire en 1938) dans l'armement nucléaire de la guerre. En est-ce la raison ou non, Hitler a mis l'accent sur l'armement traditionnel constitué par les missiles V1 et V2 – qui auraient pu être très dangereux à quelques mois près –, de préférence au programme nucléaire allemand.

Heisenberg, « esprit de l'esprit d'Einstein »

Werner Heisenberg (1901-1976) est l'auteur entre 1925 et 1927 du formalisme matriciel de la mécanique quantique, qui donna à cette nouvelle physique une assise mathématique qu'elle cherchait depuis Planck en 1900 et Einstein en 1905. Il est surtout l'inventeur du principe d'indétermination, selon lequel on ne peut connaître avec précision et la position et la vitesse d'une particule. Ce principe est au cœur de l'indéterminisme quantique et de ses interprétations philosophiques. Il fera d'Heisenberg, aux yeux du grand public, le symbole de la nouvelle physique quantique, plus que son maître Niels Bohr, plus doctrinaire, moins communicatif. Heisenberg obtient le prix Nobel de physique en 1932, à un moment crucial, quatre mois avant l'arrivée des nazis au pouvoir en janvier 1933 ; le prix lui sera remis en décembre 1933. Non juif, il choisit de rester en Allemagne en 1933 – à l'inverse de Schrödinger, Autrichien d'origine, qui quitte l'Allemagne en 1933. Il participera au programme nazi de bombe atomique, ce qui lui vaudra d'être détenu par les Anglais de juillet à décembre 1945 à Farm Hall avec neuf autres scientifiques allemands, dont Max von Laue et Otto Hahn (1879-1968, inventeur de la fission nucléaire, prix Nobel de chimie 1944).

Sa rencontre avec Niels Bohr à Copenhague en 1941 en pleine guerre laissera un goût amer aux deux protagonistes, marquant durablement les relations entre le maître et son élève : Bohr s'attendant à ce qu'Heisenberg lui dise qu'il ne participe pas à la bombe atomique, et Heisenberg ayant l'impression d'être espionné. La haine que Lenard et Stark portaient à l'Aryen Heisenberg, jeune et brillant physicien, défenseur d'Einstein et de la physique théorique, et à travers lui la haine qu'ils portaient à Einstein, étaient grandes. Ils en voulaient d'autant plus à Heisenberg qu'avec son principe d'indétermination, il avait considérablement limité la portée de la mesure et de la réalité en physique, au moins en physique quantique, coup dur pour eux qui considéraient comme sacro-saintes la mesure et l'expérience.

Dans son discours du 13 décembre 1935 pour l'inauguration de l'Institut de physique Philip-Lenard à Berlin (*cf.* chapitre précédent), Stark, conforme à son tempérament, en profite pour régler des comptes avec ses collègues physiciens non nazis, en dénonçant leurs liens avec Einstein : il déplore que Planck, « principal soutien d'Einstein », préside encore la *Kaiser-Wilhelm Gesellschaft*, que von Laue, « ami et interprète d'Einstein », joue encore un rôle prééminent à l'Académie des sciences de Berlin. Mais c'est contre le jeune Heisenberg que Stark déchaîne sa vindicte :

> « Et de même le formaliste théoricien Heisenberg, esprit de l'esprit d'Einstein, doit bénéficier prochainement d'une promotion. »

Stark était engagé dans un combat à propos de la succession de Sommerfeld – parti à la retraite – à la chaire de physique théorique de Munich, à laquelle Heisenberg, ancien élève de Sommerfeld, était candidat. Alors au faîte de son pouvoir et engagé dans des luttes d'influence parmi les dignitaires nazis, il va donner une résonance importante dans la presse grand public à son combat personnel contre Heisenberg. En juillet 1937 en effet, le ton monte d'un cran. La revue SS *Das schwarze Korps* s'intéresse, une fois n'est pas coutume, à la science en publiant un violent article anonyme « Weiße Juden in der Wissenschaft » (Des Juifs blancs (*sic*) dans la science), qui met en cause Heisenberg, son soutien à Einstein et à la nouvelle physique. Cet article est généralement attribué à Stark, d'autant que dans le même numéro paraît un autre article sur la science signé de sa main : Heisenberg y est accusé pêle-mêle d'avoir qualifié la théorie d'Einstein d'axe de recherche susceptible d'attirer les jeunes chercheurs allemands, d'avoir pris un poste d'assistant auprès de Sommerfeld en 1927, à un âge où « il est difficile d'avoir fait des recherches déterminantes », d'avoir monté à Munich un séminaire où enseignaient des Juifs (« le Juif viennois Beck, le Juif zurichois Bloch »), et auquel assistaient des Juifs...

> « En 1933, Heisenberg obtient le prix Nobel, en même temps que les jeunes einsteiniens Schrödinger et Dirac – une manifestation du comité Nobel enjuivé contre l'Allemagne nazie, qui est à comparer à la *distinction* accordée à Ossietzky. »

> « Heisenberg est un exemple parmi beaucoup d'autres : les tenants du judaïsme dans la vie intellectuelle allemande doivent disparaître, comme les Juifs ont disparu. »

Comme dans tout régime totalitaire, ce type d'attaque *ad hominem* par voie de presse officielle pouvait être le signal de conséquences plus dangereuses pour Heisenberg. Celui-ci portera l'affaire au plus haut, utilisant ses relations familiales avec Himmler, *Reichsführer SS*, pour obtenir réparation, qu'il obtiendra par une lettre d'Himmler en 1938, quasi une lettre d'excuses à son égard.

En tout état de cause, Heisenberg combattait pied à pied les arguments de la *Deutsche Physik*, grâce à son tempérament et à sa forte implication dans la philosophie scientifique que lui avait donnée la mécanique quantique. La physique aryenne se réclamait des grands astronomes Copernic et Kepler comme exemples d'une science germanique fondée sur l'expérience, à l'opposé des conséquences de la relativité générale sur l'astronomie. Ce à quoi Heisenberg fait remarquer avec pertinence que l'héliocentrisme et la vision copernicienne du monde étaient fort peu intuitifs pour les scientifiques et le grand public de l'époque, et ne relevaient absolument pas de l'expérience ! Il utilise aussi un argument de *bon sens,* à savoir que la relativité, science de l'infiniment grand et l'infiniment rapide, ainsi que la mécanique quantique, science de l'infiniment petit, ne sont pas accessibles de la même manière à l'expérience et à l'intuition que des branches plus traditionnelles de la physique. Il prend à cet égard la défense d'Einstein :

> « Einstein a été le premier à trouver le courage d'expliciter cette dépendance de l'espace et du temps et il l'a fixée dans sa forme mathématique. Les procédures expérimentales ultérieures sont toujours venues à l'appui, avec la plus grande précision, des conséquences de cette nouvelle représentation de la structure de l'espace-temps, de sorte qu'on ne peut plus guère douter de son exactitude. »

Heisenberg et Einstein s'opposaient scientifiquement de manière vigoureuse, notamment depuis le congrès Solvay de 1927, sur l'interprétation à donner à la physique quantique. Et pourtant, Heisenberg fait partie avec Laue et Planck du quarteron de physiciens allemands – les plus brillants – à apporter leur soutien à Einstein car ils considéraient la relativité comme partie intégrante de la science[1]. Sans doute Heisenberg, qui gardera un esprit juvénile jusqu'à sa mort, se rappelait-il aussi son émerveillement de jeune adolescent lorsqu'il découvre la théorie de la relativité !

---

1. Comme le note subtilement Catherine Chevalley dans [42a] : « Le rapport entre relativité et mécanique quantique est présenté par Bohr et Heisenberg sous des aspects qui diffèrent en fonction des circonstances : quand il s'agit uniquement de philosophie, l'accent est mis sur l'idée que la relativité est encore une théorie classique, par contraste avec la théorie quantique ; mais quand il y a un enjeu politique, l'accent est mis sur la solidarité indissociable du travail d'Einstein et de celui des fondateurs de la physique atomique. »

Capitulation de la physique aryenne

Après ces passes d'armes, une réunion au sommet de la communauté scientifique allemande a lieu le 15 novembre 1940 à Munich entre physiciens théoriciens – dont von Weizsäcker[1], élève de Heisenberg – et physiciens défenseurs de la physique aryenne – dont Bühl, élève de Lenard, et l'astronome antisémite Thüring (voir chapitre XV). Ironie du sort, ni Lenard, théoricien de la physique aryenne mais depuis longtemps hors jeu, ni Stark, à la retraite, n'y participent. Cette réunion arrive à la conclusion écrite suivante entre les participants :

1. La physique théorique, avec l'ensemble de ses outils mathématiques, est une partie indispensable de la physique.

2. Les faits tirés de l'expérience et rassemblées par la théorie de la relativité appartiennent aux ressources de la physique ; cependant, la certitude d'application de la théorie de la relativité au cosmos n'est pas totale au point que toute vérification supplémentaire serait superflue.

3. La représentation quadridimensionnelle des processus naturels est une aide mathématique utile ; cela ne signifie pas, toutefois, l'introduction d'une nouvelle perception du temps et de l'espace.

4. Tout lien entre la théorie de la relativité et un quelconque relativisme général est nié.

5. Les mécaniques quantique et ondulatoire sont les seules méthodes connues à ce jour pour rendre compte des processus de l'atome. Il est souhaitable d'approfondir leur formalisme pour une meilleure compréhension de l'atome.

Lénard considérera les résultats de cette réunion comme une « trahison » de la part de ses élèves. Cet accord en cinq points, somme toute favorable à la physique théorique, signe la capitulation en rase campagne des représentants de la *Deutsche Physik*.

---

1. Carl-Friedrich von Weizsäcker (1912-2007), physicien théoricien allemand qui a participé au programme nucléaire allemand, est le frère aîné de Richard von Weizsäcker (né en 1920), président de la République d'Allemagne de 1984 à 1994.

Ayant gagné la seule bataille de la succession de Sommerfeld à Munich (les nazis nomment un obscur physicien expérimental nommé Müller), ils perdent la guerre idéologique qu'ils menaient depuis quinze ans. Cette pantalonnade de la *Deutsche Physik* aura eu une certaine influence sur l'issue de la Seconde Guerre mondiale : ce n'est que tardivement, dans le courant de l'année 1941, que les ministres nazis se rendront compte[1], face au défi de la course à l'atome notamment, du temps perdu par la science en Allemagne, et lanceront le programme d'armement *Uran-Projekt* s'inspirant largement de la physique théorique. Les dix ans qu'a fait perdre en querelles idéologiques la physique aryenne aux avancées scientifiques allemandes sont une des causes de l'impossibilité pour l'Allemagne nazie de fabriquer la bombe atomique, même si celle-ci a porté en priorité son effort sur la mise au point des fusées à longue portée V1 et V2.

Stark, des souvenirs sans remords

Quant à Stark, à la retraite en 1940 après avoir occupé les plus hautes fonctions de la recherche allemande sous le régime nazi, il continue, dans son essai *Deutsche und Jüdische Physik* (1941), à opposer esprit dogmatique et esprit pragmatique, comme il l'avait fait dans la revue *Nature* trois ans auparavant :

> « Il apparaît nécessaire de discerner précisément dans la physique l'esprit judéo-dogmatique et le point de vue germano-pragmatique. »

> « Le point de vue dogmatique cherche à extraire les connaissances scientifiques de l'esprit humain [...], à faire de nouvelles découvertes par des opérations mathématiques au tableau noir.

---

1. C'est le physicien Ludwig Prandtl (1875-1953), ingénieur et responsable de l'Institut de recherches aéronautiques, très écouté par les nazis compte tenu de sa spécialité en aéronautique, qui en convaincra finalement le *Reichsmarschall* Göring.

[...] Le point de vue pragmatique cherche la connaissance de la vérité dans un travail de laboratoire lent et patient. »

En 1945, en captivité après l'effondrement du régime nazi, il écrit un livre *Erinnerungen eines deutschen Naturforschers* (Mémoires d'un scientifique allemand) : comme souvent pour les dignitaires nazis – ou pour les responsables vichystes français – c'est un livre d'autojustification où la vérité est transcrite plus ou moins fidèlement, et où les remords sont inexistants. Stark ne renie rien de ses engagements ; bien au contraire, il se félicite du succès de librairie de son livre de 1930, hagiographie de Hitler. Rappelant qu'en janvier 1933 il était enthousiasmé par l'arrivée au pouvoir du parti nazi et qu'il était « passionné par ce qui allait advenir », il qualifie la défaite des nazis en Russie en janvier 1943 de « malheur de Stalingrad ».

> « Maintenant je suis depuis fin juin 1945, soit plusieurs semaines, en prison sur ordre de "la police du gouvernement militaire", bien que j'aie plus de soixante et onze ans, que je sois lauréat du prix Nobel internationalement reconnu, et que je n'aie rien commis d'illégal. »

> « En lisant [en 1928] les deux volumes de *Mein Kampf*, j'ai été convaincu qu'Hitler voulait l'unité du peuple allemand. »

De ce livre, et de la carrière politique de Stark, on retiendra l'incroyable naïveté politique, souvent rencontrée chez les scientifiques malencontreusement engagés, avouée par Stark en conclusion : d'Hitler, il retient ce qu'il estime être les succès comme le redressement de l'économie ou la dénonciation du traité de Versailles, tout en souhaitant oublier ce qu'il qualifie d'erreurs, comme la création de la Gestapo ou des camps de concentration !

Révisionnisme scientifique
et alterscience au XXIe siècle

XIX

Nombreuses sont les chicanes de paternité faites à Einstein sur ses découvertes, soit de son vivant, soit après sa mort. Le Bon en France, Reuterdahl aux États-Unis clamaient pour eux-mêmes une antériorité sur l'équivalence masse-énergie ; Lenard s'ingéniera à trouver à Einstein des prédécesseurs décédés – il est toujours facile de faire parler les savants disparus. Une autre chicane de paternité impliquant à son corps défendant un grand savant disparu est réapparue au début du XXIe siècle : elle vise à établir la relativité comme étant « la théorie de la relativité de Poincaré », au mépris de l'histoire des sciences et des écrits des précurseurs de la relativité qu'étaient Poincaré et Lorentz avant Einstein. Paraphrasant l'historien des sciences Olivier Darrigol qui, faisant un état des lieux sur le sujet pour l'Académie des sciences à l'occasion de l'Année mondiale de la physique en 2005, avait écrit un article « Faut-il réviser l'histoire de la relativité ? » – il prenait clairement parti en faveur d'Einstein –, nous qualifierons ces thuriféraires d'Henri Poincaré de « révisionnistes scientifiques ».

Par ailleurs, au XXIe siècle, existe une poignée d'irréductibles qui nient droit de cité à la relativité, sans considération des résultats et des progrès de la physique nucléaire et de l'astrophysique, et sans proposer de théorie alternative – tout au plus un retour à la théorie de l'éther. Si l'on pouvait comprendre dans les années 1920 que certains physiciens, et surtout de nombreux non-scientifiques, aient du mal à appréhender la relativité, théorie complexe qui bénéficiait de peu de vérifications expérimentales, cette dénégation destructive est incompréhensible de nos jours. Nous avions qualifié de « flibustiers de la science » certains des opposants dans les années 1920 ; nous pourrions conserver cette qualification à notre époque mais, le contexte scientifique étant très différent, nous utilisons le terme d'« alterscience » à propos de cette opposition contemporaine. L'alterscience pourrait se définir comme la contestation d'une science établie, hors circuits académiques et sans formulation scientifique d'une proposition alternative. Dans le domaine des sciences exactes, l'alterscience se distingue de l'ésotérisme, tout en puisant dans des racines communes, comme l'appel à la théorie du complot supposé étouffer les vérités que détiendraient ces doctrinaires.

Les chicanes de paternité

Ces querelles portent soit sur la relativité restreinte, soit sur certains tests de la relativité générale, soit sur certains résultats ressortissant à la relativité restreinte, comme l'équivalence masse-énergie. Sur la relativité restreinte, la paternité en est contestée par certains à Einstein pour l'attribuer à Poincaré, à Lorentz... voire à Mileva Maric, la première femme d'Einstein. La relativité générale est rarement contestée à Einstein : il est vrai que son labeur permanent entre 1907 et 1916 sur le sujet, les résultats intermédiaires complexes qu'il publie en 1911 et 1913, rendent quasi impossible une revendication tierce. Il n'existe aucune chicane de paternité sur l'ensemble des deux théories, malgré l'unité qu'elles constituent : cela décrédibilise singulièrement les tenants de ces querelles. De fait, pour un ardent contradicteur, il est bien plus facile d'attaquer une partie que le tout, même si cela n'a guère de sens... Le second test de la relativité générale (déviation des rayons lumineux par le Soleil) et l'équivalence masse-énergie seront les cibles de choix des antieinsteiniens cherchant avidement une antériorité aux résultats d'Einstein.

Ainsi, Philip Lenard nous dit que le calcul de la déviation des rayons lumineux à proximité du Soleil avait déjà été effectué par l'astronome allemand Johannes von Soldner (1776-1833) : Soldner fait le calcul dans un cadre conceptuel totalement différent, celui du caractère corpusculaire de la lumière prôné par Newton, et trouve une déviation de 0,85" d'arc, valeur traditionnelle donnée par la mécanique newtonienne (mais pas de la façon dont Soldner la calcule) ; cette valeur était de toute façon deux fois plus petite que celle que donnera la relativité générale, qui sera vérifiée lors de l'éclipse de 1919. De même, Ernst Gehrcke, encore lui, nous dit que c'est Paul Gerber, professeur de lycée, qui émet en 1898 l'hypothèse d'une transmission de l'action de gravitation à la vitesse de la lumière c – et non à vitesse infinie comme dans la mécanique newtonienne – et qui en infère la formule exacte de l'avance du périhélie de Mercure (par ailleurs premier test de la relativité générale). Même si l'intuition de Gerber est bonne, il n'a pas de théorie sous-jacente, il est obligé de recourir à d'autres hypothèses douteuses, ses calculs sont erronés, et il arrive par hasard au résultat correct, qu'il connaît. Quand bien même ces physiciens, ou d'autres, ont de bonnes intuitions sur des points particuliers de la théorie, comment peut-on comparer au travail conceptuel d'Einstein ces intuitions, qui soit se rattachent à une théorie erronée comme chez Soldner, soit ne se rattachent à aucun cadre conceptuel permettant d'expliquer leur intuition comme chez Gerber ? Si un de ces résultats avait été calculé auparavant par miracle, cela n'invalide en rien la théorie de la relativité qui, elle, offre un cadre conceptuel global dans lequel ces phénomènes s'inscrivent.

Les chicanes de paternité relatives à $E = mc^2$ sont nombreuses, ce qui les décrédibilise elles aussi. Au-delà de Le Bon et de sa volatilisation d'une pièce de monnaie en « énergie », au-delà de la science théiste de l'antisémite américain Reuterdahl, un cas plus intéressant est celui de Friedrich Hasenöhrl (1874-1915), mis en avant par Lenard, qui le présente comme un physicien aryen, mort au champ d'honneur. Dans son livre de 1929 (chapitre XV), il prétend que Hasenhörl a découvert avant Einstein la fameuse équation E = mc². Hasenöhrl est incontestablement un brillant physicien : il participe au premier congrès Solvay de 1911 – sans doute en tant que représentant de l'Empire austro-hongrois. À l'opposé de Lenard, c'est avant tout un physicien théoricien ; il est l'élève du physicien théoricien Boltzmann et sera à Vienne le professeur de très brillants physiciens théoriciens comme Ehrenfest ou Schrödinger (prix Nobel de physique 1932) : l'incompréhension totale et la haine qu'éprouve Lenard envers la physique théorique ne l'empêchent pas d'aller chercher sans vergogne à l'appui de ses thèses un physicien théoricien. Sans vouloir faire parler les scientifiques disparus, travers classique des révisionnistes scientifiques comme Lenard, signalons que de surcroît Hasenöhrl était un admirateur d'Einstein...

L'article d'Hasenöhrl « Sur la théorie du rayonnement dans les corps en mouvement » paraît en novembre 1904 dans la même revue que l'article d'Einstein en juin 1905, *Annalen der Physik*. Il y étudie la pression de radiation dans un corps noir en mouvement. La pression de radiation est un phénomène étrange, déjà connu à la fin du XIXe siècle, lié à la quantité de mouvement d'un rayon lumineux frappant une surface. La lumière, venant au contact de la matière, lui impulse non seulement de l'énergie (effet photoélectrique, rayonnement du corps noir), mais aussi de la quantité de mouvement. Cet effet est très faible en physique expérimentale terrestre, mais sensible en physique astronomique[1]. Cet article est un curieux mélange entre étude de physique statistique (c'était la formation de base d'Hasenöhrl), étude non quantique du corps noir (alors que l'hypothèse des quanta a été formulée par Planck en 1900), et étude pré-relativiste du mouvement (Hasenöhrl faisant référence à la contraction des longueurs de Fitzgerald-Lorentz comme une simple

---

1. Une de ses manifestations les plus connues est l'orientation des queues de comètes, à l'opposé du Soleil, décalée par rapport à leur trajectoire.

possibilité en conclusion). Il aboutit, après un raisonnement compliqué, en négligeant les termes du quatrième ordre en $(v/c)^4$ comme le fera Einstein, à la conclusion qu'un corps noir rayonnant une densité d'énergie E voit sa masse apparente diminuer d'une valeur de $\frac{8E}{3c^2}$, qu'il rectifiera en $\frac{4E}{3c^2}$ début 1905. Attribuant à ce coefficient 4/3 une valeur statistique, Hasenöhrl arrive à un cas particulier de l'équivalence masse-énergie, celui de la pression de radiation dans un corps noir. À aucun moment il ne réfléchit sur le principe de relativité, puisqu'il s'étonne même que la valeur trouvée ne dépende pas de la vitesse v du corps noir ! La grande différence avec Einstein est que ce dernier arrive à $E = mc^2$ en tant que principe *général* (ne s'appliquant pas uniquement au cas particulier de la pression de radiation du corps noir) qu'il *déduit* en quatre pages du principe de relativité restreinte, lui-même plus global.

Poincaré, une querelle franco-française et corporatiste

De tout temps, Einstein a été accusé, au mieux d'avoir su formaliser les idées de Poincaré, au pire de les avoir plagiées. En 1922 déjà, Xavier Léon, président de la Société française de philosophie, accueillant Einstein lors de son voyage à Paris, regrettait que Poincaré, précurseur de la relativité restreinte, soit disparu dix ans auparavant et ne soit pas là pour donner la réplique à Einstein. À l'occasion de l'Année mondiale de la physique, en 2005, cette controverse a tourné à la polémique : on a fait référence, dans certaines revues et chez certains éditeurs réputés sérieux, à la « théorie de la relativité de Poincaré ».

Cette controverse a été balayée rapidement, certains scientifiques ou historiens des sciences indiquant que la relativité ne saurait être celle de Poincaré car celui-ci était mathématicien et non physicien. Cet argument nous paraît erroné ; Poincaré est un génie des mathématiques, comme Einstein sera un génie de la physique, mais Poincaré est incontestablement un physicien de grand talent[1], en mécanique notamment. Il tire des interprétations physiques remarquables à partir d'un substrat mathématique solide ; mais il ne conçoit pas une théorie physique, comme l'avaient fait avant lui Newton ou Maxwell, et comme le fait Einstein en concevant une théorie physique de l'espace et du temps, dans laquelle les transformations de Lorentz-Poincaré s'intègrent naturellement.

C'est indiscutablement en partant de ce substrat mathématique que Poincaré dérive ses interprétations physiques. Un bel exemple, assez comparable à celui de la relativité, est la façon dont il a l'intuition de la théorie du chaos, que d'autres formaliseront beaucoup plus tard[2]. À partir du problème d'astronomie dit des « n corps », par exemple celui des attractions mutuelles des différentes planètes entre elles et avec le Soleil dans le système solaire, il s'intéresse au problème des trois corps (un astre et deux planètes), le seul ayant des solutions mathématiques appréhendables. Ce n'est déjà plus un problème physique, puisque ne correspondant pas à la réalité des « n corps », mais c'est un problème mathématique d'une difficulté extrême. Poincaré donne certaines classes de solutions en les caractérisant par le « plan de coupe de Poincaré », et remarque que certaines solutions sont instables ; à partir de là, il a l'intuition, physique cette fois-ci, que ces systèmes différentiels instables pourraient s'appliquer dans d'autres domaines, comme la météorologie. Cette intuition se borne à une expression littéraire, mais elle se trouvera vérifiée quand Ruelle et Ekeland formuleront la théorie du chaos dans les années 1970.

De la même manière, avant 1905, existe une base mathématique très solide pour la relativité restreinte : c'est la transformation de

---

1. C'est lui qui, avec Marcel Brillouin et le jeune Langevin, représente la physique française au premier congrès Solvay de 1911, un an avant sa disparition précoce.
2. En ce sens, Poincaré a un génie comparable à celui d'Einstein : ses intuitions solidement étayées par des travaux mathématiques et physiques se voient vérifiées plus de cinquante ans après ; mais la comparaison s'arrête là pour la relativité.

Lorentz, solution des équations de Maxwell, mais qui ne correspond à aucune interprétation physique. Poincaré s'y intéresse d'abord en tant que mathématicien et démontre que la famille de ces transformations forme un groupe algébrique. Il va plus loin et, de fait, cherche une interprétation physique des équations de Lorentz, avec des intuitions tout à fait remarquables. Mais, comme l'ont jugé indépendamment et à des époques différentes trois spécialistes de la relativité, pour ne mentionner que des physiciens français (Marie-Antoinette Tonnelat dans les années 1960, Olivier Costa de Beauregard dans les années 1980, Thibault Damour dans les années 2000), Poincaré ne va pas jusqu'au bout de ses intuitions : il conserve la notion d'éther comme représentatif d'un espace absolu, et la notion de temps absolu. Même s'il utilise les formules de Lorentz, et notamment le temps $t' = \dfrac{t}{\sqrt{1 - \dfrac{v^2}{c^2}}}$, le seul temps physique est pour lui le temps absolu existant dans l'espace absolu newtonien, en témoignent les phrases suivantes :

> « Les montres réglées de la sorte ne marqueront donc pas le temps vrai, elles marqueront ce qu'on peut appeler le temps local. »

> « Et l'observateur ne s'en apercevra pas puisque sa montre retarde. »

Seul Einstein conçoit une théorie globale de la relativité : il est le premier – et le seul – à donner une interprétation physique du temps t' en supprimant la notion de temps absolu et en remarquant que, suivant le principe de relativité, t' est un temps réel dans le repère R' au même titre que t est un temps réel dans le repère R : une horloge en mouvement bat un temps t' qui s'écoule plus lentement que le temps t d'une horloge au repos.

Curieusement, le sujet de la relativité générale n'est jamais évoqué par les thuriféraires de Poincaré. Le fait même que la paternité de Poincaré est réclamée par ces derniers sur la relativité restreinte uniquement est un argument en faveur d'Einstein et de son intuition physique sur la relativité en général : comment expliquer qu'Einstein se lance, dès 1906, après la parution de son article sur la relativité restreinte, dans la recherche d'une théorie physique généralisée, une relativité incluant les repères accélérés, une dynamique relativiste ? Comment expliquer que Poincaré ne s'intéresse pas à cette généralisation du principe de relativité ? À l'inverse de la genèse de la relativité restreinte, où avant l'intuition théorique préexistaient les outils mathématiques (le groupe de Poincaré-Lorentz dérivé des équations de Maxwell), pour la relativité générale aucun outil mathématique ne préexiste : seule l'intuition physique va guider Einstein, celle de la nécessité d'un principe de relativité s'appliquant aux repères accélérés, dit principe d'équivalence. C'est justement parce que les outils mathématiques n'existaient pas, ou plutôt existaient (géométrie de Riemann, tenseurs de Levi-Civita...) mais n'avaient jamais été mis en relation avec une théorie physique, qu'Einstein mit dix ans à formaliser sa théorie de la relativité générale ; il consacre d'ailleurs une partie de cette période à l'appropriation de ces outils mathématiques, avec l'aide de son ami mathématicien Marcel Grossmann (1878-1936). C'est précisément là qu'on se demande pourquoi, si Poincaré a été le concepteur de la relativité restreinte comme certains le prétendent, n'a-t-il pas immédiatement poursuivi par une généralisation du principe de relativité comme l'a fait Einstein ? Or, entre 1905 et 1912, année de sa disparition prématurée, il n'est pas totalement sûr que, même pour la relativité restreinte, Poincaré ait totalement compris et intégré l'ensemble des implications de la théorie d'Einstein. Il ne mène pas de travaux en direction d'une relativité généralisée pour au moins trois raisons : il n'a pas totalement intégré dans son acception physique l'article de 1905 d'Einstein ; il n'y a aucun outil mathématique à disposition pour la relativité générale, or c'est la base des interprétations physiques de Poincaré ; enfin, comme pour la relativité restreinte, il n'a pas l'intuition physique nécessaire à la généralisation du principe. Ajoutons que Poincaré, comme cela a souvent été dit, et c'est le revers de la médaille du « savant universel », passe d'un sujet à l'autre sans toujours approfondir. C'est justement la nouvelle manière de faire de la science qui caractérise Einstein par rapport à Poincaré : n'ayant jusqu'en 1918 aucune tâche de représentation académique, et n'ayant pas le même âge que lui, Einstein est un jeune « chercheur à temps plein » qui se focalise de 1905 à 1916 sur un sujet unique, la relativité.

Pour la même raison, il paraît aberrant de voir réclamer la paternité de la relativité générale pour le mathématicien allemand David Hilbert, qui en aurait eu l'intuition quelques semaines avant Einstein : ce dernier, concepteur en une dizaine d'années de deux théories de la relativité formant un tout cohérent, se serait fait doubler quelques semaines avant la relativité restreinte en 1905 par Poincaré, et quelques semaines avant la relativité générale en 1915 par Hilbert ?

Bibliographie pamphlétaire

À l'occasion de l'Année mondiale de la physique en 2005, un certain nombre de livres paraissent et défendent cette thèse de la « relativité de Poincaré ». Elle est animée entre autres par un réseau d'anciens élèves de l'École polytechnique qui défendent Poincaré, ancien élève de cette école. Le génie mathématique et physique de Poincaré n'a pourtant pas besoin de tels thuriféraires : ils n'ajoutent rien à sa gloire et même brouillent son image – semblant limiter par effet de focalisation son œuvre à ses écrits relativistes et laissant dans l'ombre l'immensité du reste.

Jules Leveugle (né en 1924, X 1943) émet l'hypothèse d'un complot ourdi par Hilbert et l'école de Göttingen contre Poincaré et la France : ils auraient retardé en 1905 la publication d'un article de Poincaré pour favoriser la publication de leur article reproduisant ses idées, dont ils avaient connaissance, et auraient fait endosser cet article par un jeune inconnu employé à l'Office des Brevets à Berne, nommé Einstein, qui ne risquait pas de leur faire concurrence[1]... Jean Hladik, professeur émérite de physique à l'université d'Angers, amateur de prestidigitation, fait paraître en 2004 un livre avec ce titre explicite : *Comment le jeune et ambitieux Einstein s'est approprié la théorie de la relativité de Poincaré...* Jean-Paul Auffray développe la thèse de la « théorie de la relativité de Poincaré » dans un long ouvrage[2] ; citons-en deux phrases conclusives dont le sens scientifique n'apparaît pas de manière immédiate :

> « La relativité généralisée a su accommoder les champs – électromagnétique et gravitationnel – mais elle a dû se contenter de traiter la matière sous forme d'une "soupe passée à la moulinette". »

> « Pour Poincaré, en revanche, si le quantum fondamental est insécable, il l'est au point de vue de la probabilité. »

On ne peut s'empêcher de comparer cette salve d'ouvrages des années 2000 à la ribambelle de pamphlets antirelativistes publiés dans les années 1920 chez des éditeurs réputés (chapitre XIII) : Flammarion, Gauthier-Villars, Albert Blanchard... La remise en cause du génie d'Einstein profite à certains éditeurs à travers les âges, même si cela se fait au détriment de la vérité scientifique.

Une autre catégorie de « poincaristes » actuels baigne dans une fange illogique totale : Maurice Allais, polytechnicien lui aussi, déclare que la relativité est fausse[3] tout en l'attribuant à son « maître » Henri Poincaré. Il applique la « double peine » à Einstein en le qualifiant de plagiaire d'une théorie fausse, tel le cancre recopiant en classe les erreurs de son voisin :

---

1. Jules Leveugle, *La Relativité, Poincaré et Einstein, Planck, Hilbert. Histoire véridique de la théorie de la relativité*, L'Harmattan, 2004 ; on ne peut s'empêcher de rapprocher cela de la thèse rocambolesque suivant laquelle Alfred Dreyfus aurait accepté, en officier discipliné, de signer le « bordereau » (voir notamment J.-F. Deniau, *Le Bureau des secrets perdus,* Odile Jacob, 1998).
2. Jean-Paul Auffray, *Einstein et Poincaré*, Le Pommier, 2005.
3. Voir chapitre suivant.

> « La domination dogmatique et intolérante pendant un siècle d'une théorie fausse, la Théorie de la Relativité, résultant elle-même du plagiat indiscutable d'une incontestable erreur. »

> « Le plagiat d'une erreur fondamentale qui a mené depuis un siècle l'auteur de ce plagiat à une gloire immense et universelle. »

Il est amusant de voir, dans ces colloques de l'alterscience, des alliances de circonstance se nouer entre révisionnistes scientifiques ne défendant pourtant pas du tout les mêmes idées : les uns jugeant la relativité exacte en l'attribuant exclusivement à Poincaré pour ajouter à sa gloire, les autres jugeant la relativité fausse tout en l'attribuant à Poincaré. Curieuse façon d'ailleurs pour Allais de vénérer Poincaré comme maître à penser en lui attribuant la paternité d'une théorie qu'il estime fausse ! On n'est pas loin de l'argument névrotique du chaudron de Freud : « Je ne t'ai jamais emprunté de chaudron et d'ailleurs il était déjà percé quand tu me l'as prêté. »

Il est aussi curieux de voir Allais, pour qui l'expérience est reine, et qui se bat contre une emprise trop forte des mathématiques en économie ou en physique, se réclamer de Poincaré. Car les interprétations physiques de Poincaré ne sont pas fondées sur l'expérience : elles se rattachent toujours, comme on l'a vu, à un substrat mathématique important. Poincaré ne fait pas d'expériences de physique : ni physicien expérimental, ni physicien théoricien, il fait de la physique mathématique.

Sur ces querelles de paternité mettant Poincaré en avant, nous conclurons avec Michel Paty, historien des sciences, qui qualifie de « torchons pamphlétaires » cette floraison de publications récentes

> « qui semblent émaner d'un groupe, dictées par des *a priori* idéologiques inavouables, où le parti pris de procès d'intention et de calomnie à l'égard de la mémoire d'Einstein s'illustre d'arguments d'une accablante médiocrité. [...] Les auteurs de ces mauvais libelles ont en commun, outre une "einsteinophobie" qui renvoie à d'autres temps, une arrogance dans leur pré-

tention à réécrire l'histoire et à asséner leur prétendue vérité, en absolue opposition à l'intelligence, la modestie et la générosité, qui sont souvent le fait des véritables savants, et qui étaient le propre, de manière éminente, des grands esprits dont nous parlons, Lorentz, Poincaré et Einstein ».

XX

L'effondrement radical et définitif de la théorie de la relativité.
L'intolérance aveugle et fanatique de certains partisans de la théorie de la relativité a fait perdre un siècle à la pensée physique.

Maurice ALLAIS

C'est le titre et la dernière phrase d'un article publié en octobre 2003 par un autre prix Nobel[1]... mais de sciences économiques, Maurice Allais (né en 1911). Allais, polytechnicien (X 1931), de formation scientifique, économiste de profession, s'est adonné à des expériences de physique à une certaine période de sa vie (de 1948 à 1959), et a entrepris de les exposer dans des livres parus à partir de 1997. Leur lecture est assez fastidieuse, puisque ces livres sont des assemblages de discours, articles, avec un caractère répétitif marqué[2]. Le

---

1. L'appellation correcte de ce prix est « prix de la Banque de Suède en sciences économiques en mémoire d'Alfred Nobel ». Il a été institué en 1968 par la Banque de Suède ; la fondation Nobel ne fait jamais mention de « prix Nobel d'économie ». Tous les autres prix (chimie, physique, médecine, littérature, paix) sont effectivement des prix Nobel, attribués depuis 1901.
2. On trouve des répétitions multiples d'idées dans le même livre, et des répétitions d'articles entiers d'un livre à l'autre.

discours passe indistinctement de la science économique à la science physique, Allais cherchant à faire bénéficier ses théories physiques de l'aura qu'il a obtenue pour ses théories économiques. On conviendra que la science économique a peu de choses à voir avec la science physique, mais Allais tient un discours globalisant dans lequel on retrouve les arguments éculés des ennemis de la relativité :

> « Qu'il s'agisse d'économie ou de physique, je n'ai cesse de me heurter aux vérités établies et aux dogmatismes des establishments de toute sorte qui en assurent la domination. »

> « Tout progrès scientifique réel se heurte à la tyrannie des idées dominantes et des establishments dont elles émanent. »

> « Je n'ai cessé de me heurter aux vérités établies et aux dogmatismes des einsteiniens qui en assurent la domination. »

Les termes « *vérités établies* » et « *establishments* » reviennent un nombre considérable de fois, cités toujours entre guillemets et en italique, comme si l'auteur faisait appel à la connivence du lecteur et laissait entrevoir des concepts cachés et connus du lecteur derrière ces deux notions[1].

L'expérience avant tout, le rejet de la mathématisation et de la méthode déductive : on retrouve de manière frappante dans les diatribes d'Allais contre la relativité presque tous les arguments des antirelativistes des années 1920. Il prône tout d'abord de manière répétitive une « soumission inconditionnelle aux données de l'expérience », qui s'applique à toute discipline scientifique, et qui explique les progrès de la science depuis cinq cents ans. Cette obsession peut même le conduire à des phrases récursives :

> « C'est l'expérience, et l'expérience seule, qui m'a incité à effectuer des expériences systématiques sur le pendule paraconique. »

---

1. La notion d'« establishment » a été d'ailleurs utilisée par des politiciens d'extrême droite, comme J.-M. Le Pen, dans un cadre dépassant largement celui de la science.

En aucun cas l'emploi des mathématiques les plus élevées ne doit être considéré comme une garantie de qualité, en économie comme en physique ; et, comme en 1915, la méthode déductive est stigmatisée par Allais :

> « L'appareil mathématique très élaboré de la théorie de la relativité générale a contribué puissamment à mystifier la communauté scientifique pour plusieurs générations. La manipulation, quelque peu fascinante, de modèles mathématiques très abstraits et très éloignés du réel n'a eu que trop tendance à se substituer à l'expérimentation. »

> « L'invasion des sciences physiques par les mathématiciens purs a été aussi dommageable en physique qu'elle l'a été en économie. »

> « La seule déduction logique, fût-elle mathématique, si elle n'est pas étroitement rattachée à l'étude de la réalité, reste dépourvue de toute valeur quant à sa compréhension. »

Maurice Allais met en cause, sans doute par comparaison avec la célébrité qu'ont connue Einstein et ses théories, le fait que la presse ne reprenne pas ses idées : c'est « la conspiration du silence, contre laquelle aucune défense n'est possible ». L'appel à la théorie du complot est ici sous-tendu par des arguments politiques :

> « À partir de 1959 s'est imposée une puissante cabale tant à l'encontre de mes travaux de physique qu'à l'encontre de mes positions libérales en économie. »

> « Un silence de plomb a masqué le plein succès des expériences cruciales de 1958. »

Les théodolites d'Allais

Que sont en fait ces expériences cruciales d'Allais en physique ? Il les conduit entre 1953 et 1958 dans une salle mise à sa disposition dans les laboratoires de Bougival de l'IRSID (Institut de Recherches Sidérurgiques). Il mènera aussi deux campagnes de communication visant à faire reconnaître ses résultats, à l'Académie des sciences et dans la presse, une première fois lors de communications à l'Académie en 1957-1959, et de manière très similaire une seconde fois en 2002-2005, lorsqu'il reformule et republie ses résultats, au soir de sa vie, dans divers livres. Il estime avoir été « dépouillé de la reconnaissance officielle de trois découvertes *tout à fait fondamentales* » : 1) les anomalies du pendule paraconique dissymétrique 2) les anomalies des visées optiques réciproques Nord-Sud et Sud-Nord de deux théodolites sur deux mires (juillet 1958) 3) les extraordinaires régularités sous-jacentes aux observations interférométriques de Dayton Miller en 1925-1926.

Les attaques d'Allais dans les livres de physique qu'il fait paraître à partir de 1997 sont dirigées quasi exclusivement contre la relativité, sur la base des trois résultats « déterminants » ci-dessus. Curieusement, dans sa première campagne de presse de 1957-1959, il n'est que très marginalement question de relativité : elle ne fait pas encore partie à ce moment-là des « vérités établies » qu'Allais prétend combattre. Sans jamais citer Newton, c'est pourtant aux lois de la gravitation universelle qu'il s'attaque : il observe un comportement de son pendule tout à fait différent de ce que prévoient les calculs classiques de la mécanique newtonienne, à savoir « des composantes périodiques d'un ordre de grandeur 100 millions de fois plus élevé que celui donné par le calcul[1] ». Il émet, sur la base des deux premiers résultats ci-dessus, l'hypothèse de forces de gravitation complémentaires, qui seraient la cause de ce « phénomène très appa-

---

1. Sur une période de 24 h 50 mn, le pendule d'Allais serait animé d'effets modifiant d'un facteur 10^{-5} sa trajectoire, au lieu des 10^{-13} donnés par le calcul newtonien classique (effets de marée dus à l'attraction lunisolaire notamment) ; le rapport entre ces deux effets, infimes, est bien de 10^8, soit un effet « cent millions de fois plus élevé ».

rent ». L'effet aurait disparu lors de l'éclipse de Soleil du 30 juin 1954, ce qui selon Allais constitue une preuve supplémentaire de ces nouvelles forces de gravitation. On lira en Annexe 5 les remarques scientifiques de base que font à Allais un certain nombre de physiciens : nécessité de faire la théorie complète du pendule sur les principes de la mécanique avant d'exhiber des résultats, nécessité de l'étude des liaisons en tous les points de contact du dispositif. Certains physiciens sont plus directs, liant les fameuses anomalies à la forte charpente métallique du bâtiment de l'IRSID, ou à l'isolation insuffisante du pendule, sensible aux variations de température ou aux mouvements réguliers de personnels dans le reste du bâtiment.

En 1997, il change son angle d'attaque, s'en prenant, cette fois-ci très violemment, à la théorie de la relativité.

> « Pendant un siècle, les partisans de la Théorie de la Relativité n'ont cessé d'exercer une domination dogmatique, intolérante et oppressive. [...] À vrai dire plus mes opposants étaient ignorants, plus ils étaient fanatiques. »

Allais met en exergue sa réinterprétation de l'expérience de 1925 de Dayton Miller, expérience qui correspondait à celle de l'interféromètre de Michelson-Morley en 1887 ; d'ailleurs, selon Allais, Miller lui-même avait mal interprété ses propres résultats !... L'ensemble de ces mesures, selon Allais, est cohérent : l'éther existe, on le caractérise enfin par un vent d'éther de 8 km/s donné par les résultats de Miller interprétés par Allais[1]. Ce qui signifie une « anisotropie de la

---

1. Roger Balian, ancien chef de service de physique théorique au CEA, professeur émérite de physique à l'École polytechnique, académicien des sciences, rappelle dans une note de 2000 aux Comptes rendus de l'Académie les bases relatives à ces mesures, à savoir les effets de gradient de température : une variation de seulement 0,001 °C de la température dans l'air des bras de l'interféromètre suffit pour expliquer l'effet observé ; Miller lui-même en 1924, dans des meilleures conditions d'isolation, arrive à un effet six fois moindre ; Shankland, ancien assistant de Miller, démontre en 1955 qu'il s'agit d'un effet lié à la température ; enfin, rappelle Balian, les résultats négatifs de Michelson ont été refaits avec une précision toujours meilleure (voir chapitre III), concluant à l'anisotropie de l'espace que veut remettre en cause Allais.

vitesse de la lumière » : la lumière se heurterait dans le sens du mouvement de la Terre autour du Soleil au vent d'éther, et dans le sens contraire serait « poussée » par ce vent d'éther. Cela signifierait aussi, et c'est toujours la même conclusion, qu'une expérience terrestre, celle de Michelson (1887) ou celle de Miller (1926) permettrait de mettre en évidence le mouvement de la Terre autour du Soleil, en violation du principe de relativité.

Allais ne s'en prend pas seulement à la relativité, on retrouve aussi dans ses écrits des diatribes contre l'autre grande théorie physique du XXe siècle, la mécanique quantique, autre « vérité établie ». Il reproche à Schrödinger de ne pas donner de démonstration de sa fameuse équation, et « l'introduction du symbole i des imaginaires qui ne fait que souligner le caractère artificiel de son équation » : on se croirait revenu deux cent cinquante ans en arrière, quand il est reproché au génial mathématicien Euler d'inventer les nombres imaginaires, qui montreront leur grande utilité en mathématiques comme en physique. Après Schrödinger, c'est vers Feynman que se tourne la vindicte d'Allais : il lui reproche d'introduire, « avec l'autorité de son prix Nobel de physique 1965 », la notion de probabilité dans la description de la matière (qui est pourtant à la base de la physique quantique). Enfin, Allais reproche à la physique quantique de négliger l'éther, qui justement permettrait de résoudre l'indéterminisme quantique :

> « L'erreur fondamentale commise dans toutes les analyses indéterministes de la mécanique quantique est de négliger les influences extérieures propagées par le milieu. »

Sur ce sujet de la physique quantique, il est plaisant de voir Allais avancer sur les traces d'Einstein, qui lui aussi doutait de l'analyse non déterministe (« Dieu, lui, ne joue pas aux dés ») ; la différence, de taille, est qu'Einstein le faisait de manière tout à fait argumentée, par exemple avec les nombreuses expériences de pensée qu'il a formulées, dont le fameux paradoxe EPR de 1935. Allais conclut en indiquant que la mécanique quantique est une « construction démesurée aux fondations incertaines et fragiles ». Même s'il est moins virulent sur la physique quantique que sur la relativité, Allais se montre imperméable aux deux théories nouvelles de la physique du XXe siècle.

Encore Le Bon, puis Auguste Lumière et Jacques Chirac

Examinons ici à quoi se rattache cet antirelativisme d'Allais à la lumière des chapitres précédents.

Un premier parallèle s'impose indiscutablement entre Maurice Allais et Gustave Le Bon – même si Allais ne le cite jamais : même longévité (Le Bon a vécu de 1841 à 1931, et Maurice Allais est né en 1911), même ambition de se poser en homme de savoir dans des domaines divers, même souci de voir valorisés leurs travaux de physique, notamment par l'Académie des sciences, même méthode de travail solitaire. Concernant cette démarche solitaire, en dehors de tout milieu universitaire ou de recherche (ce qui pouvait se comprendre à l'époque de Le Bon, beaucoup moins à l'époque d'Allais), on trouve chez eux les mêmes accents, chacun déplorant d'avoir dû interrompre ses recherches en physique faute de soutiens et de moyens (Le Bon de 1895 à 1905, Allais de 1953 à 1959). Allais ne manque jamais de vanter les « amateurs de la science », opposés aux « professionnels » et aux « establishments de toutes sortes », et range curieusement dans ces amateurs Pasteur et de Broglie[1] ; Le Bon, dans un article d'avril 1921 dans *La Revue politique et littéraire*, porte une charge violente contre Émile Picard, « n'acceptant que la science officielle, ne pouvant admettre qu'un chercheur indépendant pût être l'auteur de recherches ayant une valeur quelconque, exerçant une funeste influence sur l'avenir de son pays ».

---

1. Sur l'ancrage des frères de Broglie au milieu universitaire et l'utilisation abusive de leur prestige par les milieux antirelativistes, voir note page 135.

Une autre personnalité sera comme Allais et Le Bon profondément opposée aux « establishments » : Auguste Lumière (1862-1954), inventeur du cinématographe, qui s'attaque à la fin de sa vie à l'Académie des sciences, et qui est souvent cité par Allais :

> « Tout savant qui découvre un principe s'écartant du conformisme classique est dans l'impossibilité de faire accepter ses idées [...] les conformistes occupant les situations sociales les plus élevées continuent comme par le passé à étouffer toutes les découvertes qui ne cadrent pas avec leurs préjugés[1]. »

D'autres points communs peuvent être trouvés entre Le Bon et Allais, notamment en ce qui concerne leur positionnement politique, à la fois à droite et à gauche. On a vu au chapitre XI comment Le Bon, aux idées et à la culture profondément ancrées à droite, est aussi largement inspiré par un courant socialiste proudhonien. On pourrait dresser le même parallèle pour Maurice Allais : en économie même, ses positions sont contrastées, il est à la fois libéral mais opposé au libre-échange et au mondialisme. On lui prête parfois une proximité avec l'extrême droite : l'extrême droite utilise en effet certaines de ses thèses économiques, mais la gauche aussi utilise ses positions antieuropéennes et son semi-libéralisme[2].

Un autre point commun entre Le Bon et Allais est la soif de reconnaissance pour leurs travaux physiques. Allais a vu ses travaux d'économie couronnés sur le tard : c'est en 1988, à l'âge de soixante-dix-sept ans, qu'il reçoit le prix Nobel d'économie. Il peut penser

---

1. Auguste Lumière, *Les Fossoyeurs du progrès, les mandarins contre les pionniers de la science*, Lyon impr. L. de Sézanne 1942 ; A. Lumière a été pendant la Seconde Guerre mondiale un fervent partisan de Pétain ; il est décoré de la francisque, nommé en 1941 au conseil municipal de Lyon, et membre du comité de patronage de la Légion des Volontaires français contre le bolchevisme créée par Doriot.
2. Voir par exemple le journal *L'Humanité :* article du 17 septembre 1992, « Maurice Allais, dérive libre-échangiste », à l'occasion du référendum de Maastricht (20 septembre 1992) ; ou tribune d'Allais du 26 mai 2005, « La Constitution n'est pas un rempart contre les excès du libéralisme », à l'occasion du référendum sur le projet de Constitution européenne (29 mai 2005).

que ses travaux de physique, eux aussi, pourraient être reconnus sur le tard : en tout état de cause, la volonté qu'il a de les voir reconnaître est immense. Ainsi Jacques Chirac, président de la République française, décorant Maurice Allais des insignes de grand officier de la Légion d'honneur le 14 mars 2005, consacre le tiers de son bref discours d'usage à l'hommage suivant :

> « Maurice Allais est, en quelque sorte, une intelligence universelle. Ce prix Nobel d'économie aurait pu tout aussi bien devenir prix Nobel de physique. Son violon d'Ingres, la physique, et sa passion pour la recherche l'ont conduit à faire trois découvertes fondamentales qui remettent en cause la théorie de la relativité. »

C'est en ces termes qu'un président de la République française, devant un parterre de personnalités diverses lors d'une remise collective de décorations, s'adresse au récipiendaire. Ainsi donc, il y a lieu de considérer que c'est un mérite – et sans doute un honneur – d'avoir remis en cause à trois reprises la théorie de la relativité, cette phrase faisant référence aux trois expériences faites par Allais entre 1954 et 1960 rappelées ci-dessus. Ces propos en disent long sur la perméabilité des milieux politiques aux influences de toute nature, mais aussi sur la vision de la science fondamentale qu'ont les hommes politiques. Comme s'il revenait à l'Élysée d'attribuer le prix Nobel de physique...

Allais et Louis Rougier

Il est intéressant d'étudier l'entourage de Maurice Allais, ses maîtres à penser, les auteurs auxquels il se réfère. En physique, il cite souvent, à propos de l'éther notamment, Henri Bouasse : nous avons vu au chapitre VII ses positions très conservatrices à l'égard de la nouvelle physique. Parmi ses contemporains, Allais cite volontiers Louis Rougier (1889-1982). Universitaire, Rougier est un philosophe des sciences de l'école positiviste, dans le sillage d'Auguste Comte, de Claude Bernard, d'Henri Poincaré, de Pierre Duhem : il n'est de science que sur la base des observables. À titre d'exemple, dans ses premiers ouvrages de philosophie des sciences, il considère, comme Poincaré, qu'en posant l'existence d'ensembles à cardinal transfini, les « cantoriens[1] » se sont fourvoyés. Maurice Allais a sans doute connaissance dès 1947 de la philosophie de Rougier, puisqu'il participe au colloque de la Mont Pelerin Society à Genève en avril 1947, cercle représentatif d'une pensée philosophique et économique libérale, sorte de maison-mère des « think tanks » néolibéraux, inspirateurs des politiques économiques du parti républicain aux États-Unis. À ce colloque de Genève participent, outre Allais, des personnalités comme Milton Friedman (futur prix Nobel d'économie en 1976), Friedrich Hayek, Bertrand de Jouvenel, Ludwig von Mises, Karl Popper. Louis Rougier aurait dû y participer, puisqu'il avait été un des inspirateurs de ce courant de pensée : il avait en effet organisé dès 1938 à la Sorbonne un séminaire faisant connaître les idées philosophiques du « Cercle de Vienne ». Il n'est toutefois pas invité en 1947 à cause de son attitude pendant l'occupation, et ne rejoindra la Mont Pelerin Society qu'après une période de purgatoire, en 1957.

Des liens puissants existent entre Rougier et Allais. En 1959, lorsque Allais n'est pas choisi par le Conseil de perfectionnement de l'École polytechnique pour y exercer les fonctions de professeur d'économie politique, Rougier publie un bref opuscule prenant sa défense, *Scandale à Polytechnique.* Il y compare Allais, brillant continuateur de Walras et Pareto, à l'autre candidat qui sera choisi, Jacques Dumontier (1914-1975, X 1933), « fonctionnaire appliqué qui doit sa carrière à des passages dans les cabinets ministériels de la IVe République ». Selon Rougier, Allais aurait été victime non

---

1. Les cardinaux transfinis sont un élément important des mathématiques, différents des cardinaux infinis. On notera l'utilisation du terme « les cantoriens », à connotation condescendante, comme l'est souvent l'utilisation du terme « les einsteiniens ».

seulement d'une cabale antilibérale montée par les économistes planistes, mais aussi de ses idées en physique et de sa recherche d'une théorie unitaire : au passage, rien dans l'analyse des écrits d'Allais ne permet d'indiquer qu'il est à la recherche d'une théorie unitaire entre les différentes branches de la physique, puisque la principale caractéristique de ses écrits est la négation de ces théories ; par ailleurs, il affirme constamment s'intéresser non à la théorie mais à l'expérience. Rougier compare la façon dont les théories physiques d'Allais sont reçues en 1959 à la façon dont la relativité fut, lors de la visite d'Einstein à Paris en 1922, « répudiée au nom de l'Institut et de Newton » par Painlevé et Picard :

> « Le même dogmatisme règne aujourd'hui en faveur des théories d'Einstein. »

Dans cette comparaison entre les situations en 1922 et 1959, on décèle un argument en filigrane : l'image d'Einstein, qui aurait été incompris en 1922, est utilisée au bénéfice d'Allais, qui serait incompris lui aussi en 1959. Einstein-Allais, même combat : belle prouesse rhétorique de Rougier ! Il stigmatise aussi l'Académie des sciences, citant comme Allais le libelle de 1942 d'Auguste Lumière contre les académiciens « fossoyeurs du progrès ».

Une autre rencontre importante entre Allais et Rougier se situe vingt ans plus tard : le 5 avril 1979 a lieu à la Maison des Polytechniciens à Paris une réception en l'honneur des quatre-vingt-dix ans de Louis Rougier, où Alain de Benoist, idéologue de la Nouvelle Droite, et Maurice Allais prononcent des allocutions. De même, après la mort de Rougier, Allais lui rendra hommage dans une communication lue à un colloque organisé à Lourmarin en 1990 : cette communication est intitulée « Louis Rougier, prince de la pensée », en référence à un article qu'avait fait paraître Rougier en 1948 dans la revue *Les Écrits de Paris*, et titré « Un prince de l'esprit, Louis de Broglie ».

Le parcours de Louis Rougier jusqu'à cinquante ans est celui d'un philosophe sérieux, d'abord philosophe des sciences puis s'orientant vers une pensée néo-libérale dans les années 1930. Il avait en 1921 une vision correcte de la théorie de la relativité, sans rapport avec l'incompréhension majeure de Bergson ou le cynisme de Maritain. Sa vie croise celle de Gustave Le Bon octogénaire : Le Bon et lui font paraître en 1919 des inédits de Poincaré dans la Bibliothèque de philosophie scientifique de Flammarion dirigée par Le Bon. C'est à partir de 1939, à la cinquantaine, que Rougier prend un virage politique très marqué : ses options politiques l'amènent à une forte collusion avec le gouvernement de Vichy. Cela conduira après guerre à un certain appauvrissement de sa pensée et à une déperdition de son énergie dans l'écriture de pamphlets politiques, tous propétainistes et violemment antigaullistes. Il publie en 1946 *Mission secrète à Londres. Les Accords Pétain-Churchill* aux Éditions du Cheval ailé à Genève[1]. Toujours en 1946, très prolixe, Louis Rougier publie un violent pamphlet antigaulliste *Le Bilan du gaullisme*, où l'on peut lire :

> « La merveilleuse histoire du général de Gaulle est la lamentable aventure d'un grand destin trahi par une incommensurable vanité. [...] C'est l'histoire d'un homme médiocre dont la BBC, les avances du Trésor britannique, une propagande effrénée, l'anthropomorphisme des foules, [...] ont fait un homme-symbole. »

Louis Rougier est donc profondément antigaulliste comme toute l'extrême droite vichyste, y compris après la guerre. Jugé par une commission de l'Éducation nationale en 1947 – Louis Rougier était professeur des universités à Besançon –, il est mis à la retraite

---

1. Cette maison d'édition a la particularité d'éditer aux lendemains de la Libération des livres ou des Mémoires de nombre de dignitaires français compromis dans la collaboration et qui ont préféré s'exiler en Suisse : Henry du Moulin de Labarthète (chef de cabinet civil de Pétain), Alfred Fabre-Luce, Georges Bonnet (ministre des Affaires étrangères de Vichy), René Gillouin (conseiller de Pétain), Henri de Man. Elle publie aussi à titre posthume un écrit de Laval rédigé en prison à Fresnes avant son exécution.

d'office avec demi-traitement. Il sera réintégré dans l'Éducation nationale en 1955 après s'être pourvu en Conseil d'État. Proche de Jacques Isorni, il restera actif dans les milieux néo-pétainistes, membre du comité directeur de l'Association pour la défense de la mémoire du maréchal Pétain dès sa création en 1951, fondateur en 1950 et président de l'Union pour la restauration et la défense du service public, dont l'objectif était la réintégration des fonctionnaires vichystes et la reconnaissance de l'action du régime de Pétain[1].

Les apparentements terribles

Aucun antisémitisme n'apparaît dans les écrits d'Allais ; hélas ! on n'échappe jamais aux apparentements terribles, il convient d'être vigilant sur les sources qu'on cite. Allais cite souvent avec emphase les œuvres antirelativistes de Christopher Jon Bjerknes (né en 1965, se présentant comme un historien des sciences amateur), et notamment son livre *Albert Einstein, the incorrigible plagiarist*. Or Bjerknes, dans un autre de ses livres disponibles sur Internet, *La Production et la vente de Saint-Einstein*, professe le plus pur antisémitisme : les titres des chapitres de ce livre de plus de mille pages sont édifiants, citons « Rotschild Rex Judaeorum », « Einstein le couard raciste », « Le sionisme est du racisme », « Le nazisme est du sionisme[2] » (dans ce chapitre on peut lire qu'Einstein est un défenseur subtil d'Hitler), « Comment les Juifs ont rendu les Anglais sionistes ». Une fois le décor planté, Bjerknes égrène des chapitres « scientifiques » contestant violemment Einstein et ses théories. Cette mise en contexte par Bjerknes de ses positions antirelativistes fait de son livre l'équivalent spécifiquement dirigé contre Einstein des *Protocoles des sages de*

---

1. Cette mobilisation de Rougier au sein des milieux néopétainistes d'après guerre est largement évoquée dans l'ouvrage *Ce qu'il reste de Vichy*, Jérôme Cotillon, Armand Colin, 2003.
2. Cette thèse est sans doute encore plus perverse que la thèse inverse (les sionistes sont des nazis) qui fait actuellement florès dans certains milieux.

Sion, ouvrage qu'il cite abondamment, ou du pamphlet *The International Jew : the world's foremost problem* de Henry Ford.

Dans l'orbite de l'antirelativiste Maurice Allais, on trouve aussi le pseudo-économiste et homme politique américain Lyndon LaRouche (né en 1922). La revue *Fusion* que LaRouche fonde en 1974 est diffusée dans le monde entier en six langues : elle est quasiment la seule à accepter les articles de physique d'Allais (deux en 1998, un en 2001, un en 2005). LaRouche rend un hommage appuyé à Allais en le qualifiant de seule personne saine d'esprit à avoir obtenu le prix Nobel d'économie. Pierre-André Taguieff[1] qualifie LaRouche de théoricien du complot mondial, d'un « antisionisme démonologique ». Il est très difficile de le classer politiquement, les idées dont la secte larouchiste se réclame étant très mouvantes, entre l'extrême droite et l'extrême gauche – on a vu en chapitre XIII des parcours analogues, entre 1890 et 1940. LaRouche commence son parcours politique dans le trotskisme, et jusqu'à la cinquantaine navigue dans la mouvance d'une gauche américaine radicale. Après cinq années de prison de 1989 à 1994 pour escroquerie, il est plusieurs fois candidat à l'investiture démocrate aux élections présidentielles ; en France, Jacques Cheminade[2], candidat à l'élection présidentielle de 1995, se réclame de lui, ce qui témoigne du caractère international de ce mouvement. C'est un mouvement plutôt de gauche, viscéralement opposé à la fois aux néo-conservateurs américains et aux écologistes : on retrouve avec LaRouche un nouvel exemple de cette ambivalence gauche/droite déjà rencontrée chez Le Bon et chez Allais.

Un de ses thèmes récurrents est la promotion de « l'économie physique mondiale », contre les agissements de la haute finance internationale. L'économie physique est celle des grands travaux, du développement d'une agriculture extensive et d'une énergie nucléaire, des échanges physiques, à l'opposé des échanges virtuels

---

1. Bibliographie [36].

2. Les médias et commentateurs politiques avaient d'ailleurs beaucoup de difficultés à classer les voix de Cheminade dans le total des voix de droite ou dans celui des voix de gauche, adoptant en général la deuxième solution.

et financiers du capitalisme mondial. À supposer que ce discours puisse correspondre à une réalité, il s'oriente rapidement vers la théorie du complot : dans une conférence de 2003 intitulée « La géométrie physique en tant que stratégie », LaRouche indique comme Bjerknes que c'est la Banque d'Angleterre qui amène Hitler au pouvoir en Allemagne en 1933...

Comme le montre le titre de cette conférence, la référence à la science est permanente dans le discours économique, politique et complotiste de LaRouche. Sa revue d'alterscience *Fusion*, issue de la « Fondation pour l'énergie de fusion », est un vecteur important de diffusion de ses idées. Elle défend l'énergie nucléaire, dont l'énergie de fusion, « non polluante », contre les agissements des écologistes, du « Club de Rome » et de « la génération de Mai 68 » ; cela laisse penser que ce courant peut être, entre autres, un « think tank » du lobby nucléaire américain. La revue *Fusion* a aussi pour objectif la « réouverture » d'un débat sur la pauvreté des découvertes en sciences fondamentales au XXe siècle (*sic*), et souhaite redonner sens à la recherche expérimentale et à la véritable méthode scientifique. *Fusion* dresse de manière sectaire – et parfois incompréhensible – une liste de savants estampillés comme « grands penseurs », parmi lesquels Leibniz, Kepler, Ampère, Gauss, Riemann, Claude Bernard, Louis de Broglie. À l'opposé, sont stigmatisés le dogmatisme et la pensée fossilisée d'un certain nombre d'autres savants :

> « Rares sont ceux qui ont osé remettre en question des vaches sacrées comme Descartes, Newton, Maxwell, Auguste Comte, Niels Bohr... »

Le mathématicien allemand Gauss (1777-1855) est soutenu par *Fusion* contre le mathématicien suisse Euler (1707-1783), accusé d'avoir inventé les nombres imaginaires qui ne correspondent à aucune réalité[1]. Opposer de Broglie à Bohr suivant le critère de

---

1. On a vu plus haut dans ce chapitre comment Allais stigmatise lui aussi l'utilisation par Schrödinger du nombre imaginaire *i*.

Fusion est d'ailleurs un non-sens scientifique : les travaux de Louis de Broglie, la conceptualisation d'une longueur d'onde pour la matière – qui lui valent le prix Nobel en 1929 – sont tout aussi théoriques que ceux d'Einstein ou de Bohr, même si par la suite de Broglie, comme Einstein d'ailleurs, s'est opposé à l'interprétation dite « de Copenhague » de la mécanique quantique.

C'est dans ce contexte que *Fusion* accepte les articles de Maurice Allais qui remet en cause et la gravitation de Newton et celle d'Einstein. Curieusement, Einstein n'est pas cité parmi les « vaches sacrées », pour des raisons qui mériteraient d'être élucidées. En revanche LaRouche lui-même, dans son livre écrit en prison (bibliographie [58]) – curieux mélange d'articles d'économie, théoriquement la spécialité de LaRouche comme d'Allais, de physique, d'histoire des sciences –, nous révèle sans l'expliquer un prétendu « paradoxe dévastateur prouvant l'erreur de l'électrodynamique de Maxwell » et s'en prend au mathématicien de la relativité restreinte, Hermann Minkowski (1864-1909), accusé d'avoir détourné les travaux de Riemann :

> « Minkowski n'a pas réussi à saisir la différence fondamentale entre une véritable géométrie non euclidienne et une géométrie néo-euclidienne. [...] L'erreur exemplaire de Minkowski, tout comme son échec, provient du fait qu'il est impossible de construire une représentation intelligible de l'espace-temps physique sur la base de la méthode déductive. »

> « Minkowski a vu dans la "courbure négative", qui est par ailleurs en soi une notion très utile, un mandat pour ne rien faire de plus que modifier certains postulats de ce bourbier que constitue le formalisme déductif kantien tant admiré dans l'enseignement de la science aujourd'hui, celui de Descartes, Newton, Laplace et Cauchy. »

De fait, quatre-vingts ans après Duhem en 1916, la boucle est bouclée, c'est toujours la même antienne contre la méthode déductive que reprend LaRouche :

« Ainsi, la logique déductive (ainsi que toute mathématique enfermée dans son formalisme) ne permet pas de comprendre les fonctions vraiment élémentaires de l'univers physique. »

« Des déductionnistes tels que Galilée, Descartes, Newton n'ont presque rien apporté de valable qui n'ait déjà été réalisé, en mieux, par des savants tels que Kepler, Fermat, Pascal, Huyghens et Leibniz. »

Géocentrisme et créationnisme

On peut associer, à travers la revue *Fusion*, certains courants antirelativistes à d'autres courants de l'alterscience, comme le géocentrisme ou le créationnisme. On retrouve une nouvelle fois des polytechniciens, forts de leur formation initiale scientifique reçue parfois cinquante ans plus tôt. Guy Berthault (X 1945) écrit plusieurs articles dans *Fusion*, citant parfois Allais, qui lui-même le mentionne comme « son ami ». Berthault est actif dans de nombreux domaines de l'alterscience. Il estime que la condamnation de Galilée par l'Église catholique était justifiée. Il s'oppose par ailleurs aux théories darwiniennes : en géologie, il remet en cause la stratigraphie pour mieux adapter l'âge de la Terre au « dessein créateur », et au Déluge notamment. Il réussit à faire passer en 1986 et en 1988 deux de ses notes de sédimentologie à l'Académie des sciences[1]. Le credo de Berthault est résumé dans la phrase de conclusion d'un de ses articles :

« De plus, la science ayant reconnu ses limites, la métaphysique retrouvera sa place dans l'esprit de l'homme. »

---

1. L'épisode a été stigmatisé en 2003 dans un article « Le créationnisme sous la Coupole ? » (bibliographie [26]). Allais lui aussi réussit, par divers moyens, à faire passer des notes aux Comptes rendus de l'Académie des sciences.

Berthault œuvre dans la mouvance du Cercle historique et scientifique (CESHE), qui a pour but de réconcilier la science et la foi. Il est coauteur de livres sur le créationnisme, publiés par le CESHE, avec un autre polytechnicien, Yves Nourissat (X 1961). Celui-ci est plus virulent que Berthault : il estime que la condamnation de Galilée était une mesure de clémence visant à lui épargner « le procès en hérésie qu'il méritait » ; il est antiatomiste, et remet en cause les notions d'atome, de photon, d'électron ; pour lui, l'électricité et la lumière sont des mouvements de l'éther.

> « Nous ne sommes pas seuls, et il existe un réseau de physiciens antirelativistes qui compte des membres dans de nombreux pays. »

> « La théorie de la relativité est une échappatoire mathématique au géocentrisme [...] il est nécessaire d'en faire l'économie si l'on veut rebâtir une physique cohérente et réaliste. »

L'expérience de Michelson et Morley (1887), n'ayant pas permis de détecter la rotation de la Terre autour du Soleil, serait une preuve que ce mouvement n'existe pas : ainsi la relativité aurait été inventée de toutes pièces pour protéger l'héliocentrisme. La première occurrence de cette thèse rocambolesque se trouve dans les années 1920, encore chez un polytechnicien, Gustave Plaisant (1873-1937, X 1893). Plaisant est profondément religieux, il préconise pour « les savants et leurs victimes un retour à l'Écriture, avec l'aide de prières humbles et modestes, sous la direction de l'Église catholique, avec le secours des Sacrements ». En épitaphe de son livre, il déforme la devise de l'École polytechnique, *Pour la patrie, les sciences et la gloire,* en :

> « Pour la patrie ? Oui. Pour les sciences ? Oui. Pour la gloire ?
> J'ai mieux : pour la gloire de Dieu. »

Plaisant veut « rouvrir devant les consciences le procès scientifique de Galilée et solutionner une bonne fois pour toutes cet ennuyeux problème de la relativité ». Il utilise l'expérience de Michelson, dans un sens complètement opposé aux antirelativistes partisans de la théorie de l'éther. Il découvre en effet entre 1922 et 1930 cette expérience « que ses maîtres ne lui avaient pas enseignée », et c'est pour lui une véritable révélation en faveur du géocentrisme et de la Création divine. Les partisans de l'éther (Bouasse, Allais) clameront que cette expérience n'a pas donné un résultat négatif, mais au contraire un résultat positif qui traduit un entraînement partiel de l'éther par la Terre (vent d'éther de 8 km/s). Les géocentristes (Plaisant, Nourissat) voudront au contraire montrer que cette expérience conduit à un résultat le plus proche possible de zéro : ainsi Plaisant suggère d'améliorer la précision de l'expérience de Michelson pour arriver à déceler des vents d'éther de l'ordre de 300 m/s, afin de confirmer que si ce vent d'éther n'existe pas, c'est tout simplement parce que le mouvement de la Terre autour du Soleil n'existe pas !

Plaisant ira plus loin qu'un simple antirelativisme à l'appui de sa foi géocentriste, il s'attaquera à la personne d'Einstein, comme il était fréquent à l'époque. Il s'étonne en 1934, Einstein n'étant pas retourné en Allemagne, que le Parlement français lui ait si rapidement octroyé une chaire de professeur au Collège de France, alors que la relativité « est à présent bien oubliée ». Il place ensuite ses indignations sur un plan politique :

> « La fausse science, la science de gauche a réussi à entraîner dans l'impasse tout le centre, professeurs ou instituteurs laïques, et les catholiques eux-mêmes, dont certains s'imaginent encore que le péril de gauche, des Einstein, des Painlevé, des Borel, des Langevin n'existe pas ! »

Mais c'est surtout l'accusation délirante de collusion entre Einstein et le pouvoir nazi qui retient l'attention :

> « Or le relativisme, frère du scepticisme, destructeur de toute métaphysique et de toute logique, est une philosophie germani-

que ; la relativité d'Einstein n'est qu'un effort constant pour
appuyer ce relativisme de preuves d'ordre scientifique, tout en
démolissant la physique, la mécanique et la géométrie. Et voilà
que l'Allemagne, après avoir, pendant un siècle, diffusé dans le
monde son erreur philosophique, rejette maintenant de son
sein son fils adoptif, Einstein ! Ne serait-ce pas pour lui faire
obtenir une auréole de martyr et d'homme de paix, qui facilite-
rait d'autant les progrès des mensonges scientifiques et philosophiques, particulièrement dans la généreuse France ? »

Pour une diffusion
des concepts relativistes

XXI

Une nouvelle vérité scientifique ne triomphe pas en convainquant ses adversaires et en leur faisant entrevoir la lumière, mais plutôt parce que ses adversaires meurent et qu'une nouvelle génération, arrive, familiarisée avec cette vérité.

Max PLANCK

Nous voici au terme de ce périple dans les eaux parfois troubles de l'antirelativisme.

On y a rencontré peu d'arguments scientifiques valables, et pour cause puisque la relativité est une des théories les mieux vérifiées de la physique. On y a rencontré des arguments incohérents chez le même contradicteur : Lenard invoquant contre la relativité un physicien théoricien prérelativiste et admirateur d'Einstein ; Allais qualifiant la relativité de théorie plagiée sur son maître Poincaré mais fausse. On y rencontre des arguments opposés au sein du même corpus doctrinal : chez les nazis, Bruno Thüring, astronome membre du parti, voit dans la relativité l'incarnation même du matérialisme, alors que Pascal Jordan, brillant physicien quantique membre du parti lui aussi, y voit un rempart contre le matérialisme. Toujours au sein du même corpus doctrinal, il peut y avoir évolution progressive vers l'antirelativisme au gré de l'évolution de la doctrine ou de ses intérêts : en Union soviétique, la relativité a été vue comme matérialiste et servant les intérêts du régime qui naît à peu près en même temps qu'elle en 1917, puis comme une science bourgeoise – et peut-être aussi une science juive – lors de la montée en puissance du stalinisme. Un même argument peut aussi être utilisé par des doctrinaires que tout oppose : le caractère abstrait et géométrique de la relativité est stigmatisé par les milieux intellectuels français en 1915 ; les mêmes reproches se focaliseront sur la relativité en 1933, émanant cette fois-ci du parti nazi. Finalement, ces idéologues ne voient que midi à leur porte dans leur aveuglement antirelativiste, n'hésitant pas à utiliser sophismes ou arguments à contre-emploi ; chacun ira chercher contre Einstein et contre la relativité les arguments propres à illustrer sa propre idéologie, sans rapport avec la science.

On y a rencontré des hommes qui, la quarantaine passée, perdent leur enthousiasme juvénile et, loin de sublimer et focaliser leur énergie sur de nobles tâches leur permettant d'utiliser leur expérience au profit de tous, la gaspillent, compromettent leur réputation et se piègent eux-mêmes dans cette querelle. Des scientifiques de haut niveau, dont la carrière a été couronnée par un prix Nobel, qui s'approchent trop près de la politique (Lenard, Stark notamment). Des scientifiques qui, passé un certain âge, ont terminé leurs découvertes de haut niveau, voire ont cessé de s'intéresser à leur discipline d'excellence, mais, hors de leur magistère, s'intéressent aux découvertes des autres pour les critiquer (par exemple les mathématiciens Picard, Mellin). Des hommes qui n'ont plus rien à écrire ou à dire et deviennent antirelativistes par désœuvrement (Berthelot) ou par orgueil (Le Bon). Des hommes qui se pétriront de leurs certitudes antirelativistes et en feront le combat de leur vie (par exemple Allais, Gehrcke, Reuterdahl). Des illuminés qui, passé un certain âge, deviennent radicalement différents de ce qu'ils étaient dans la première partie de leur vie et qui, suite à ce quasi-dédoublement de personnalité, s'opposent à la relativité (par exemple les ex-anarchistes Cornelissen, Gohier). D'illustres inconnus qui, sous prétexte qu'ils ont reçu une formation scientifique trente ans auparavant, croient pouvoir donner des leçons de physique et d'antirelativisme (de nombreux polytechniciens, notamment Corps, Plaisant). N'y aurait-il pas un point commun à tous ces ennemis de la relativité, celui du manque de cause et d'idéal positifs à défendre passé un certain âge, une insatisfaction personnelle dans leur parcours les conduisant à se fourvoyer ainsi ?

Risquons un parallèle anthropomorphique avec la théorie de la relativité elle-même. Après une enfance prodige, une adolescence ingrate, elle trouve, la cinquantaine advenue (dans les années 1960), un bel épanouissement, en harmonie avec la nature et le cosmos qui l'environnent. Sans doute pas immortelle, elle s'achemine tranquillement vers une fin programmée, la plus lointaine possible. En attendant, elle aura, comme Einstein, fait rêver et profondément enthousiasmé nombre de ses contemporains du siècle passé et des siècles à venir. Des scientifiques, physiciens nucléaires, théoriciens, astrophysiciens, qui s'en sont délectés dans leur carrière. Des amateurs de science qui ont eu la chance de comprendre, à la volée ou par une étude approfondie, une partie de la théorie ou certaines de ses manifestations (pulsars, ondes gravitationnelles, trous noirs) ou de ses applications (le GPS).

*
* *

Mais, encore de nos jours, cet émerveillement n'est hélas pas partagé par tous, et la relativité pâtit toujours, en ce début du XXIe siècle – hors du milieu scientifique et des amateurs férus de science –, d'une grande incompréhension, voire d'une indifférence à peine polie, d'une neutralité non bienveillante. La campagne de 2005, visant à attribuer à Poincaré la théorie de la relativité, relayée par des articles dans les médias et par certaines personnalités, a eu, en France en tout cas, un impact certain : on croit penser que la relativité est à attribuer à Poincaré, sans d'ailleurs bien comprendre ce que c'est. Elle reste présentée non comme une théorie physique ayant connu de multiples vérifications, mais comme une hypothèse métaphysique – ce n'est guère différent de ce qu'insinuaient le philosophe Maritain et le physicien Bouasse dans les années 1920 : la phrase « *je crois (je ne crois pas) en la théorie de la relativité* », comme s'il s'agissait d'un dogme, est encore souvent entendue. Plus pernicieux, il arrive d'entendre – « *La théorie de la relativité ? Mais elle est complètement dépassée, non ?* ». Comme si l'accélération des connaissances, l'écume de l'actualité, induisaient dans l'opinion publique un vernis scientifique se bornant à donner raison au dernier qui a parlé : un flash radio sur l'« anomalie Pioneer » ou sur la théorie des cordes viendrait conforter de telles opinions très sommairement forgées, sans aucune base. Comme si la nouvelle physique, et notamment la relativité, était prise à son propre piège de l'accumulation des connaissances : la connaissance scientifique s'accélère, sans que pour autant sa vitesse d'assimilation dans l'enseignement et le grand public s'accélère. Le cycle d'hystérésis de la diffusion des savoirs a tendance à ne plus se refermer, comme si la science allait maintenant beaucoup plus vite que la diffusion des savoirs.

La relativité n'est pas la seule à être prise dans ce piège de la médiatisation qui se fait au détriment d'un savoir d'honnête homme chez le plus grand nombre possible. Ainsi, on parle dans les médias d'une médaille Fields obtenue pour la résolution de la conjecture de Poincaré, sans expliquer ce qu'est cette conjecture. Ainsi, toujours dans les médias, on glose sur la théorie des cordes, censée unir la relativité et la mécanique quantique, sans pour autant que les bases de ces deux théories soient bien assimilées. Ainsi, le livre des records de l'observation de l'étoile la plus éloignée possible s'agrémente tous les trois ans d'un nouveau résultat – le dernier en date étant celui d'Abell 1816 à 13,2 milliards d'années-lumière – sans qu'on perçoive ce qui est le plus important : cette étoile est vue telle qu'elle était il y a 13,2 milliards d'année-lumière, voir loin, c'est voir dans le passé ! La relativité, en tant que science nouvelle appliquée à l'astrophysique à partir des années 1960, est structurellement prise dans ce maelström de l'accélération des connaissances, amplifié par la vague d'écume de l'actualité et de la surinformation. Car les bases de compréhension de la relativité appliquée à l'astrophysique font cruellement défaut, dans l'enseignement et dans la diffusion des savoirs, comme un écho à la naïve plainte d'un antirelativiste (Plaisant en 1924, chapitre XXI) : « Mais pourquoi mes maîtres ne m'ont-ils pas appris cela ? » L'écume du flash scientifique à sensation focalise l'attention et forme les opinions, parce que le substrat de la connaissance relativiste de base manque.

Mais ne faisons pas mentir Planck cité en exergue du présent chapitre. Soyons optimistes. Même si la connaissance scientifique se développe et s'accélère depuis 1905, le cycle de diffusion des connaissances va lui aussi se raccourcir et pouvoir « faire la jointure » avec le cycle du développement de la science. La disruption observée va se résorber. Ce n'est qu'une période transitoire d'adaptation d'un cycle à l'autre – faisons en sorte de ne pas en douter. Il existe une demande d'assimilation de la science confirmée, et pas seulement une fascination de la science « flashy » ou « dernier cri » (Abell, théorie des cordes, résolution de la conjecture de Poincaré...), pas seulement non plus une attraction-répulsion – un amour-haine – envers la science « qui fait peur » (OGM, réchauffement climatique, bioéthique, nucléaire...). C'est à nous tous, chercheurs manipulant quotidiennement les concepts relativistes, vulgarisateurs et professeurs, à vous lecteurs, amateurs éclairés de science, qu'il appartient, sans nous contenter de l'écume des choses, d'approfondir et d'assimiler, ne serait-ce qu'en partie, ces concepts complexes mais féconds de la relativité restreinte et générale, c'est notre ardente obligation à tous de les faire partager, de conserver et de diffuser une *culture scientifique générale*.

Annexes

L'appel des intellectuels allemands aux nations civilisées[1]

En qualité de représentants de la science et de l'art allemands, nous, soussignés, protestons solennellement devant le monde civilisé contre les mensonges et les calomnies dont nos ennemis tentent de salir la juste et noble cause de l'Allemagne dans la terrible lutte qui nous a été imposée et qui ne menace rien de moins que notre existence. La marche des événements s'est chargée de réfuter cette propagande mensongère qui n'annonçait que des défaites allemandes. Mais on n'en travaille qu'avec plus d'ardeur à dénaturer la vérité et à nous rendre odieux. C'est contre ces machinations que nous protestons à haute voix : et cette voix est la voix de la vérité.

Il n'est pas vrai que l'Allemagne ait provoqué cette guerre. Ni le peuple, ni le gouvernement, ni l'empereur allemand ne l'ont voulue. Jusqu'au dernier moment, jusqu'aux limites du possible, l'Allemagne a lutté pour le maintien de la paix. Le monde entier n'a qu'à juger d'après les preuves que lui fournissent les documents authentiques. Maintes fois, pendant son règne de vingt-six ans, Guillaume II a sauvegardé la paix, ce que maintes fois nos ennemis mêmes ont reconnu. Ils oublient que cet empereur, qu'ils osent comparer à Attila, a été pendant de longues années l'objet de leurs railleries provoquées par son amour inébranlable de la paix. Ce n'est

---

1. Tel que paru, traduit en français, dans *La Revue scientifique* du 14 novembre 1914, avec la note de bas de page suivante : « Nous publions cet appel à titre documentaire. C'est le triste plaidoyer de 93 célébrités allemandes pour justifier la conduite de leur Nation dans la guerre actuelle. Nous donnons plus loin quelques réponses venant de différents Pays. »

qu'au moment où il fut menacé d'abord et attaqué ensuite par trois grandes puissances en embuscade, que notre peuple s'est levé comme un seul homme.

Il n'est pas vrai que nous avons violé criminellement la neutralité de la Belgique. Nous avons la preuve irrécusable que la France et l'Angleterre, sûres de la connivence de la Belgique, étaient résolues à violer elles-mêmes cette neutralité. De la part de notre patrie, c'eût été commettre un suicide que de ne pas prendre les devants.

Il n'est pas vrai que nos soldats aient porté atteinte à la vie ou aux biens d'un seul citoyen belge sans y avoir été forcés par la dure nécessité d'une défense légitime. Car, en dépit de nos avertissements, la population n'a cessé de tirer traîtreusement sur nos troupes, a mutilé des blessés et égorgé des médecins dans l'exercice de leur profession charitable. On ne saurait commettre d'infamie plus grande que de passer sous silence les atrocités de ces assassins et d'imputer à crime aux Allemands la juste punition qu'ils se sont vus forcés d'infliger à des bandits.

Il n'est pas vrai que nos troupes aient brutalement détruit Louvain. Perfidement assaillies dans leurs cantonnements par une population en fureur, elles ont dû, bien à contrecœur, user de représailles et canonner une partie de la ville. La plus grande partie de Louvain est restée intacte. Le célèbre hôtel de ville est entièrement conservé : au péril de leurs vies, nos soldats l'ont protégé contre les flammes. — Si, dans cette guerre terrible, des œuvres d'art ont été détruites ou l'étaient un jour, voilà ce que tout Allemand déplorera sincèrement. Tout en contestant être inférieur à aucune autre nation dans notre amour de l'art, nous refusons énergiquement d'acheter la conservation d'une œuvre d'art au prix d'une défaite de nos armes.

Il n'est pas vrai que nous fassions la guerre au mépris du droit des gens. Nos soldats ne commettent ni actes d'indiscipline, ni cruautés. En revanche, dans l'Est de notre patrie la terre boit le sang des femmes et des enfants massacrés par les hordes russes, et sur les champs de bataille de l'Oise, les projectiles dum-dum de nos adversaires déchirent les poitrines de nos braves soldats. Ceux qui s'allient aux Russes et aux Serbes, et qui ne craignent pas d'exciter des Mongols et des nègres contre la race blanche, offrant ainsi au monde civilisé le spectacle le plus honteux qu'on puisse imaginer, sont certainement les derniers qui aient le droit de prétendre au rôle de défenseurs de la civilisation européenne.

Il n'est pas vrai que la lutte contre ce que l'on appelle notre militarisme ne soit pas dirigée contre notre culture, comme le prétendent nos hypocrites ennemis. Sans notre militarisme, notre civilisation serait anéantie depuis longtemps. C'est pour la protéger que ce militarisme est né dans notre pays, exposé comme nul autre à des invasions qui se sont renouvelées de siècle en siècle. L'armée allemande et le peuple allemand ne font qu'un. C'est dans ce sentiment d'union que fraternisent aujourd'hui des millions d'habitants sans distinction de culture, de classe, ni de parti.

Le mensonge est l'arme empoisonnée que nous ne pouvons arracher des mains de nos ennemis. Nous ne pouvons que déclarer à haute voix devant le monde entier qu'ils rendent faux témoignage contre nous. À vous qui nous connaissez et, avez été, comme nous, les gardiens des biens les plus précieux de l'humanité, nous crions :

Croyez-nous ! Croyez que dans cette lutte nous irons jusqu'au bout en peuple civilisé, en peuple auquel l'héritage d'un Goethe, d'un Beethoven et d'un Kant est aussi sacré que son sol et son foyer. Nous vous en répondons sur notre nom et sur notre honneur.

Parmi les 93 signataires, on relève les noms de :
— Emil von Behring, professeur de médecine à Marburg, prix Nobel de médecine 1901.
— Rudolf Eucken, professeur de philosophie à Iéna, prix Nobel de littérature 1908.
— Emil Fischer, professeur de chimie à Berlin, prix Nobel de chimie 1902.
— Fritz Haber, professeur de chimie à Berlin, futur prix Nobel de chimie 1918.
— Gerhart Hauptmann, prix Nobel de littérature 1912.
— Philip Lenard, professeur de physique à Heidelberg, prix Nobel de physique 1905.
— Walter Nernst, professeur de physique à Berlin, futur prix Nobel de chimie 1920.
— Wilhelm Ostwald, professeur de chimie à Leipzig, prix Nobel de chimie 1909.
— Max Planck, professeur de physique à Berlin, futur prix Nobel de physique 1918.
— Wilhelm Röntgen, professeur de physique à Munich, prix Nobel de physique 1901.
— Wilhelm Wien, professeur de physique à Würzburg, prix Nobel de physique 1911.

Article d'Albert Einstein, « Ma réponse. À propos de la SARL antirelativité »

(publié dans le *Berliner Tageblatt*, vendredi 27 août 1920)

Sous l'appellation prétentieuse de « Cercle des physiciens allemands » s'est constituée une société disparate dont la raison d'être actuelle est de dénigrer, aux yeux des non-physiciens, la théorie de la relativité et moi-même, son auteur. MM. Weyland et Gehrke ont récemment tenu dans cet esprit, à la Philharmonie, une première conférence, à laquelle j'ai moi-même assisté. Je me rends parfaitement compte que les deux orateurs ne sont pas dignes que je leur réponde personnellement ; j'ai de bonnes raisons de penser, en effet, que cette entreprise est animée par d'autres motifs que la recherche de la vérité. (Si j'étais nationaliste, avec ou sans croix gammée, et non pas juif de tendance libérale et internationaliste, alors…) Si néanmoins je réponds, c'est uniquement parce que le souhait en a été maintes fois exprimé par des tiers bienveillants, dans le but de faire connaître mes conceptions.

J'observe en premier lieu qu'il ne se trouve guère aujourd'hui, à ma connaissance, de chercheur ayant produit quelque travail remarquable en physique théorique qui n'admette pas que la théorie de la relativité tout entière soit logique dans sa construction et qu'elle concorde avec les faits d'expérience solidement établis à ce jour. Les plus grands noms de la physique théorique – H. A. Lorentz, M. Planck, Sommerfeld, Laue, Born, Larmor, Eddington, Debye, Langevin, Levi-Civita – se fondent sur la théorie et y ont généralement apporté de précieuses contributions. Comme adversaire déclaré de la théorie de la relativité, je ne vois guère, parmi les physiciens de niveau international, que Lenard. J'admire en Lenard le maître de la physique expérimentale ; en physique théorique, il n'a cependant rien produit encore, et ses objections à l'encontre de la théorie de la relativité générale sont d'une telle pauvreté que je n'ai pas jugé nécessaire jusqu'à maintenant d'y répondre dans le détail. J'envisage de rattraper cela.

On me reproche de faire une publicité de mauvais goût pour la théorie de la relativité. Je puis bien dire au contraire que j'ai été, ma vie durant, partisan du mot bien pesé, de la sobriété d'expression et de la concision dans la description. Le verbiage et les phrases grandiloquentes me donnent la nausée, qu'ils traitent de la théorie de la relativité ou de quoi que ce soit. Je me suis souvent amusé de propos qui, au bout du compte, me sont attribués. Je laisse d'ailleurs volontiers ce plaisir à ces messieurs de la SARL.

J'en viens maintenant à la conférence. M. Weyland, qui n'a aucunement l'air d'un spécialiste (médecin ? ingénieur ? politicien ? je n'ai pas réussi à le savoir), n'a présenté aucun argument objectif. Il s'est répandu en trivialités et en basses accusations. Quant au deuxième orateur, M. Gehrke, il a, pour une part, prononcé des contre-verités patentes, et tenté pour le reste, en choisissant avec partialité et en déformant la matière de sa démonstration, de susciter des vues erronées chez l'auditeur profane. J'en veux pour preuve les exemples suivants.

M. Gehrke affirme que la théorie de la relativité conduit au solipsisme – affirmation qu'aucun spécialiste ne voudra prendre au sérieux. Il s'appuie sur l'exemple célèbre des deux horloges (ou des jumeaux) dont l'une accomplit une trajectoire circulaire par rapport à un référentiel inertiel, l'autre non. Il prétend – en dépit de la contradiction que lui ont apportée à ce sujet, tant oralement que par écrit, les meilleurs spécialistes de la relativité – que la théorie aboutit en pareil cas au résultat parfaitement absurde selon lequel, si l'on considère deux horloges au repos placées côte à côte, chacune d'elles retarde par rapport à l'autre. Je ne peux interpréter cela que comme une tentative délibérée pour induire en erreur le public profane.

M. Gehrke fait par ailleurs allusion aux objections de Lenard, dont beaucoup se rapportent à des exemples empruntés à la mécanique de la vie courante. Mais celles-ci sont déjà caduques si l'on se réfère à ma démonstration générale établissant que les énoncés de la théorie de la relativité générale concordent en première approximation avec ceux de la mécanique classique.

Cependant, c'est bien ce que M. Gehrke dit de la confirmation expérimentale de la théorie qui prouve à mes yeux de la façon la plus flagrante que le motif qui l'anime n'est pas la découverte de la vérité.

M. Gehrke veut faire croire que l'avance du périhélie de Mercure peut être expliquée sans la théorie de la relativité. II y a là deux possibilités. Ou bien l'on découvre des masses interplanétaires particulières dont le volume et la répartition produisent une avance du périhélie de l'amplitude perçue ; c'est là naturellement une solution hautement insatisfaisante en comparaison de celle que propose la théorie de la relativité, qui permet d'établir l'avance du périhélie de Mercure sans la moindre hypothèse particulière. Ou bien alors on se réfère à un travail de Gerber qui avait donné avant moi la formule exacte de l'avance du périhélie de Mercure. Mais, d'une part, les spécialistes s'accordent à penser que la déduction de Gerber est fausse de bout en bout ; d'autre part, il se révèle impossible d'obtenir la formule en partant des hypothèses mises en avant par Gerber. Le travail de M. Gerber est par conséquent dénué de toute valeur, c'est une tentative théorique manquée et irrattrapable. Je constate que la première véritable explication de l'avance du périhélie de la planète Mercure a été fournie par la théorie de la relativité générale. Si je n'ai pas mentionné à l'origine le travail de Gerber, c'est parce que je ne le connaissais pas au moment où j'ai écrit mon étude sur l'avance du périhélie de Mercure ; mais je n'aurais pas eu plus de raisons de le mentionner si j'en avais eu connaissance. L'attaque personnelle que m'a value cette circonstance de la part de MM. Gehrke et Lenard a été jugée déloyale par tous les vrais spécialistes ; je n'ai pas voulu jusqu'à présent m'abaisser à consacrer une seule ligne à ce sujet.

Dans son exposé, M. Gehrke a présenté une image déformée des mesures de qualité magistralement effectuées en Angleterre sur la déviation des rayons lumineux par le Soleil : il a mentionné un seul des trois groupes d'hypothèses indépendants, lequel devait donner des résultats erronés par suite de la déformation du miroir de l'héliostat. Il a omis de signaler que les astronomes anglais avaient eux-mêmes, dans leur rapport officiel, présenté leurs résultats comme une confirmation éclatante de la théorie de la relativité générale.

En ce qui concerne la question du décalage vers le rouge des raies spectrales, M. Gehrke s'est bien gardé de dire que les différentes mesures effectuées jusqu'à aujourd'hui se contredisent encore et que ce problème n'a toujours pas reçu de solution définitive. II s'est contenté de citer les travaux allant à l'encontre de l'existence du décalage prévu par la théorie de la relativité, en omettant de dire que les dernières analyses de Grebe et Bachem ainsi que celles de Pérot avaient ôté toute force démonstrative à ces résultats plus anciens.

Je remarque enfin que, selon ma suggestion, un débat sera consacré à la théorie de la relativité lors du congrès des physiciens à Nauheim. Ainsi, toute personne pouvant prétendre prendre la parole dans un forum scientifique aura la possibilité d'exposer ses objections.

À l'étranger – je pense en particulier à mon collègue hollandais H. A. Lorentz et à mon collègue anglais Eddington, qui ont tous deux beaucoup travaillé sur la théorie de la relativité et fait de nombreux cours sur le sujet –, on sera quelque peu étonné d'apprendre qu'en Allemagne même la théorie et son auteur sont ainsi calomniés.

(NdA : nous avons repris la traduction française de référence, bibliographie [39b], que ses auteurs en soient ici remerciés.)

(NdA : à noter que dans l'article, le nom de Gehrcke est mal orthographié par Einstein en Gehrke.)

*
* *

Cet article a donné lieu à quelques autres écrits juste après, qui méritent d'être signalés :

Lettre d'Einstein à Sommerfeld, 6 septembre 1920 : « Peut-être n'aurais-je pas dû écrire l'article. Mais je voulais empêcher que mon silence à ces objections et accusations systématiquement répétées soit pris comme une approbation. »

Lettre d'Einstein à Max Born et son épouse, 9 septembre 1920 : « Ne soyez pas sévères avec moi. Chacun doit porter de temps à autre son offrande à l'autel de la bêtise, pour pacifier Dieu et l'homme. Avec cet article, je l'ai fait consciencieusement. »

Lettre d'Einstein publique au *Berliner Tageblatt*, 25 septembre 1920 (extrait cité dans [39a]) : « J'exprime mon vif regret d'avoir, dans mon article, dirigé des critiques envers mon très estimé collègue Lenard. »

Préface de *Deutsche Physik*
(Philip Lenard, 1936)

La préface s'enracine dans le combat de son époque,
L'ouvrage recherche des valeurs d'éternité.

« Une physique allemande ? » va-t-on s'étonner. — J'aurais pu tout aussi bien parler de physique aryenne ou de physique des gens du Nord, de la physique de ceux qui ont pénétré la réalité, de ceux qui ont cherché la vérité, la physique de ceux qui ont conçu l'étude de la nature. — « La science est et demeure internationale ! », va-t-on me rétorquer. Mais une telle objection repose toujours sur une erreur. En réalité, comme tout ce que les hommes produisent, la science est conditionnée par la race, par le sang. Elle peut apparaître comme internationale lorsque, partant de l'universalité des résultats de la science, on conclut, à tort, à son origine universelle, ou bien lorsqu'elle néglige le fait que les peuples de divers pays, qui y ont contribué comme le peuple allemand, ont pu le faire principalement parce qu'ils étaient issus d'un mélange de races nordiques. Les hommes d'un autre métissage font de la science d'une autre manière.

En effet, aucun peuple n'a jamais entrepris l'étude de la nature sans s'appuyer sur le sol nourricier d'acquis déjà existants, dus aux Aryens. Dans un premier temps, les étrangers, pour bien des choses, n'ont fait que participer ou imiter ; on ne discerne ce qui est propre à chaque race qu'après une longue évolution. On pourrait peut-être, en fonction de la littérature dont nous disposons, parler déjà d'une physique des Japonais ;

par le passé, il y avait une physique des Arabes. On ne sait encore rien d'une physique des Nègres ; en revanche, une physique propre aux Juifs s'est largement développée, jusqu'à maintenant peu connue, car on distingue généralement les ouvrages en fonction de la langue dans laquelle ils sont écrits. Les Juifs sont partout et quiconque défend, aujourd'hui encore, l'idée que la science est internationale, parle, sans le savoir, de la science des Juifs qui, comme eux, est partout, et partout identique.

Il est important d'examiner quelque peu ici la « physique » du peuple juif, car, étant son exact contraire, elle met, une fois les différences établies, la physique allemande en lumière. Ce n'est que depuis peu que la physique juive, comme tout ce qui est juif, est devenue accessible à un examen public. Pendant longtemps, elle s'était développée de manière cachée et hésitante. Après la guerre, lorsque les Juifs devinrent dominants en Allemagne et donnèrent le ton, elle s'est soudain répandue, tel un raz-de-marée, et s'est montrée dans toute sa spécificité, trouvant promptement des représentants zélés, parmi lesquels de nombreux auteurs qui n'étaient pas juifs ou pas de sang juif pur. Pour la caractériser en peu de mots, mais le plus justement possible, il n'est que d'évoquer l'activité de son représentant sans doute le plus marquant, un Juif de sang pur, A. Einstein. Avec ses « théories de la relativité », il voulait révolutionner et dominer l'ensemble de la physique ; mais face à la réalité, ses théories n'avaient aucune chance. Elles ne prétendaient d'ailleurs pas être vraies. Il est frappant que le Juif n'entend rien à la vérité. Il se contente d'une concordance apparente avec la réalité, au contraire du chercheur aryen animé de la volonté tout aussi irrépressible que scrupuleuse d'accéder à la vérité.

Le Juif n'est pas capable de concevoir d'autres réalités que celles issues de l'activité humaine et des faiblesses du peuple dont il est l'hôte. Il est étonnant de constater que, pour le Juif, la vérité, la réalité ne semblent pas être quelque chose de particulier, de différent du non-vrai, mais qu'elles ne sont que pareilles à l'une des nombreuses manières de penser qui s'offrent à nous. Il n'est donc pas étonnant qu'il soit totalement incompétent en matière de science. Cependant, cette incompétence a été masquée par un tour d'adresse sur le plan du calcul, et l'impudence propre au Juif désinhibé, liée à l'habile solidarité de ses compagnons de race, permit l'élaboration d'une physique juive qui emplit déjà les bibliothèques. La propension, caractéristique de l'esprit juif, à avancer prématurément des idées non vérifiées fut même contagieuse ; elle procure en effet des avantages personnels (approbation par les Juifs, priorité pour les postes), mais elle est néfaste. Les grands chercheurs aryens hésitaient à avancer des choses non avérées et, en silence, s'employaient plutôt à confronter les nouvelles idées juives avec la réalité de manière à proposer non des suppositions, mais des faits vérifiés. Des publications contenant de nombreux faits nouveaux virent ainsi le jour, marquant chaque fois une étape décisive dans le progrès de la science. Dans la physique juive, toute hypothèse qui, par la suite, ne se révèle pas totalement erronée, est déjà considérée comme un pas décisif. Une telle appréciation des choses freina la façon aryenne de travailler et eut, sur ce point, de graves répercussions. La pensée de l'étranger a un effet paralysant ; tout ce qui est étranger à la race aryenne est nuisible au peuple allemand.

La « physique » juive n'est donc qu'un mirage, un phénomène de dégénérescence par rapport à la physique aryenne fondamentale. Je me devais de le dire ici expressément, car ce n'est qu'en comprenant bien l'opposition entre la physique juive et la physique aryenne que l'on peut réhabiliter pleinement cette dernière.

Cette renaissance est en effet nécessaire, que l'on attende ou non que la recherche sur la nature débouche sur une représentation du monde conforme à la réalité (et non un flot de paroles qui ne sont que des mirages), ou que l'on en attende par exemple la promotion de la technique si indispensable à la vie en Allemagne. Les plus grandes conquêtes techniques sont, en règle générale, issues de connaissances dont la recherche et la découverte sont dues à des chercheurs aryens en quête d'une connaissance toujours meilleure de la nature, et non en quête d'applications potentielles de ces connaissances. Il n'importe pas seulement de s'intéresser à la technique comme telle, mais surtout d'entretenir l'esprit aryen de recherche, seul capable, en posant des bases toujours nouvelles, de faire progresser la connaissance. En Allemagne, le grand travail de connaissance de la nature, qui n'a cessé d'aboutir à des résultats étonnamment précieux, n'a été que trop freiné par la mainmise de l'esprit juif, qui, à l'opposé de l'esprit aryen, n'est axé que sur une « validation » superficielle d'hypothèses.

Si, à l'heure actuelle, l'Allemagne s'apprête à sauver l'esprit aryen dans le monde, nous sommes sans aucun doute en droit de qualifier cet esprit d'« esprit allemand », et de qualifier ses manifestations dans la science de « physique allemande ». Le peuple allemand est pleinement en droit de faire résolument valoir sa spécificité, dans le domaine de la science aussi. Et cela, non pas pour la seule patrie, mais aussi pour que soit mis en valeur le meilleur de l'humanité. C'est à cela que le présent ouvrage entend contribuer. Concernant sa structure et les lacunes auxquelles il souhaite remédier, elles sont principalement déterminées par cette opposition raciale que nous venons d'évoquer et par l'influence de l'esprit juif sur la science, déjà très importante bien qu'on n'y attache que beaucoup trop peu d'attention, et déjà fortement présente dans les systèmes scolaire et universitaire.

L'esprit non corrompu du peuple allemand est en quête de profondeur, à la recherche de fondements non contradictoires d'une pensée en consonance avec la nature, d'une connaissance irréfutable de l'Univers. Il devrait pouvoir s'appuyer sur les résultats des travaux de la science. Mais dans ce domaine, on ne peut, en règle générale, rien attendre ou presque, ni de l'école ni de l'université.

À l'école, les professeurs de physique sont si saturés de mathématiques nouvelles qu'ils ne sont plus à même de penser simplement, en accord avec la nature. À l'université, les professeurs de physique sont de plus en plus des spécialistes, à mille lieues des bases générales qui devraient pourtant représenter le principal de leur enseignement.

Il en va de même avec les livres qui, pour la plupart, ne sont pas conçus pour proposer une initiation, accessible à tous, aux bases de la physique et à leur fiabilité. Et pourtant, la justesse des fondements est partout mise en doute et discutée. On admet l'incertitude et le besoin de renouveau de toute connaissance en présupposant, comme allant de soi, que ce que nous ont légué les grands chercheurs est devenu inutilisable. Quiconque souhaite voir faite la différence entre une connaissance indiscutablement certaine et une connaissance incertaine ne trouvera rien dans les livres. Comme un fait exprès, la science y apparaît comme un enchevêtrement impénétrable accessible au seul expert, un amas d'ébauches et de théories qui, la plupart du temps, ne sont que des hypothèses et apparaissent comme des oracles d'origine mathématique. Il faut ajouter à cela que ce sont généralement les choses les plus nouvelles et les moins assurées qui sont mises en avant, dans la mesure où elles procurent des satisfactions éphémères, et que les mathématiques cachent ce qui est essentiel. Les petits ouvrages ordinaires n'ont pas de succès car ils ne font que livrer ce qu'on est censé savoir pour se présenter à des examens.

[...]

La division de la physique en physique « classique » et physique « moderne », très en vogue actuellement, nous paraît être un tel brouillard, un tour de passe-passe reposant sur l'ignorance de l'histoire. Il fait partie de la physique juive, le Juif voulant partout créer des oppositions et séparer des connexions afin que le pauvre Allemand, qui se laisse aisément tromper, finisse par ne plus du tout s'y retrouver. La plupart du temps, la « modernité » consiste à mettre exagérément en avant des connaissances encore vagues et inachevées, qui, cela va de soi, n'ont pas besoin d'être en consonance avec ce qui est déjà bien établi, ce dernier étant alors appelé « classique », avec une connotation d'obsolescence.

[...]

Le recours aux mathématiques, dans le présent ouvrage, demande à être précisé tout particulièrement. Nous ne présupposons que les mathématiques élémentaires, la simple géométrie (euclidienne) et la trigonométrie ainsi que quelques connaissances de base concernant les sections coniques. [...] On remarquera en passant à quel point l'ensemble de l'outillage mathématique du chercheur en sciences de la nature est modeste. Ce qui, dans des ouvrages exhaustifs, est présenté affublé de nombreux calculs n'apporte en général rien de nouveau quant à la connaissance de la nature. Si la base expérimentale d'une conclusion est irréprochable et si la manière de tirer cette conclusion est expliquée par des mots, l'exécution correcte du calcul correspondant peut aller de soi. Le rajout du menu détail de l'exécution du calcul ne nous apprend finalement rien d'autre que l'art du calcul, qui a sa place dans des livres de mathématiques.

Penser avec la nature – avec ce qui se passe en elle – se rencontre très rarement. Au lieu de cela, on se trouve, la plupart du temps, face à des formules. On éprouve une impression étrange à voir les ouvrages de physique remplis de déductions mathématiques qui n'enseignent rien sur l'origine, la valeur et la portée du sujet traité, qui ne font qu'inviter à vérifier les calculs, ce qui devrait être superflu, mais qui rendent la tâche de leurs auteurs bien facile. Ces auteurs-là me font penser à des musiciens qui commentent la technique de leur instrument de musique, au lieu de faire valoir l'esprit de la pièce musicale qu'ils s'apprêtent à exécuter.

[...]

Bien que nous éliminions ainsi bien des choses, cette « physique allemande » a pris néanmoins une proportion importante que nous n'avions pas prévue au départ. Si nous avions simplement voulu résumer ce qui est un acquis sûr en matière de science, un volume plus modeste aurait effectivement suffi. Mais sans les preuves minutieuses à l'appui de ce qui est présenté, un tel livre n'aurait guère pu espérer être pris en compte et compris ; car dans le trouble induit par les Juifs, on suppose sans doute déjà largement qu'il n'existe plus d'acquis intellectuel certain quant à la compréhension de la nature.

À une époque où l'on profite des résultats techniques de la science, le fait qu'on comprend si peu ses acquis – ou qu'on les ignore complètement – témoigne d'un grand manque de culture. La littérature contemporaine le montre bien. Depuis déjà trente ans, le peuple allemand a été nourri, sur le plan de la science, par les acquis d'un étranger, à la fois sur le plan racial et sur le plan de l'appartenance à notre peuple, ainsi que par ses adeptes et successeurs, et cela n'est pas près de finir. Mais le peuple qui a donné naissance à un Copernic, à un Kepler, à un Guericke et à un Leibniz, à un Fraunhofer et à un Rob. Mayer, à un Mendel, à un Bunsen et à un Kirchhoff, saura se ressaisir, tout comme il a retrouvé, sur le plan politique, dans la lignée d'un Frédéric le Grand et d'un Bismarck, un Führer issu de son propre sang, qui l'a sauvé du trouble généré par le marxisme, lui aussi étranger d'un point de vue racial. C'est dans cette confiance que j'ai écrit cet ouvrage, et c'est dans une confiance toute spéciale dans la direction politique du peuple allemand en ce Troisième Reich que je le publie.

Heidelberg, Août 1935.

P. L.

(traduit de l'allemand
avec Mme Marie-Lys Wilwerth)

L'esprit pragmatique et l'esprit dogmatique en physique
(*Nature*, vol. 141, 30 avril 1938)

Par le prof. J. Stark, président du Physikalisch-Technischen Reichanstalt, Berlin-Charlottenburg.

Le but de la science physique est l'investigation et la formulation de lois qui régissent les propriétés et processus observés sur des objets de la Nature inanimée. Ces lois intrinsèques sont indépendantes de l'existence, de l'action et de la pensée humaines, et sont les mêmes dans le monde entier. Pour cette raison, l'objet de la science physique est international. Mais la manière dont la recherche en physique est conduite et décrite dépend de l'esprit et du caractère des hommes de science qui y sont engagés, et cet esprit et ce caractère varient individuellement, comme varient les hommes, les nations et les races.

Lorsque, dans ce qui suit, je parle des deux principaux types de mentalité en physique, mes observations sont fondées sur l'expérience. J'ai investigué les caractéristiques mentales qui ont conduit à leurs découvertes les grands physiciens du passé, et au cours des quarante ans de ma vie scientifique, j'ai observé de nombreux physiciens contemporains, plus ou moins couronnés de succès, auteurs de théories ou de livres, en m'efforçant de comprendre l'origine de leur travail. Sur la base de cette expérience étendue, je suis arrivé à reconnaître qu'il existe deux principaux types d'attitude mentale parmi les physiciens.

L'esprit pragmatique, duquel ont jailli les créations des découvreurs pleins de succès du passé comme du présent, est dirigé vers la réalité ; son but est de vérifier les lois régissant des phénomènes déjà connus et de découvrir de nouveaux phénomènes encore inconnus. Même avant qu'ils ne s'attaquent à un problème particulier, les physiciens de cette école de pensée ont acquis une certaine impression de la réalité à propos des phénomènes à investiguer, en accordant une attention soutenue à tous les faits précédemment vérifiés en relation avec leur problème. Sur la base de cette impression, ils se forgent une conception de ce à quoi correspond dans la réalité le phénomène qu'ils vont étudier. Pour eux, toutefois, une telle conception n'est que le moyen de définir les modalités expérimentales pour la formulation empirique de la question qu'ils se posent sur la réalité. Si les observations faites avec le dispositif choisi ne confirment pas la conception initiale, ce qui arrive très souvent, ils la rejettent sans hésitation, recevant ainsi une stimulation de l'expérience afin de se forger une nouvelle conception et de nouvelles expériences. Leur but final est toujours d'établir la vérité, qu'ils forment une nouvelle connaissance ou qu'ils soient conduits à d'autres caractéristiques encore inconnues relevant des phénomènes étudiés. La théorie formulée mathématiquement n'est pas une fin en soi pour les physiciens d'esprit pragmatique, mais seulement une méthode, soit pour présenter les résultats d'expérience de manière quantitative et aussi simple et brève que possible, soit pour énoncer dans des cas particuliers des résultats découlant de lois plus générales obtenues de l'expérience.

Le physicien d'esprit dogmatique opère de manière assez différente. Il démarre d'idées qui sont nées principalement dans son propre cerveau, ou de définitions arbitraires de relations entre symboles auxquels une signification générale, comme une signification physique, peut être assignée. Par des opérations de mathématiques et de logique, il les combine et ainsi déduit des résultats sous la forme d'une formule mathématique. Il cherche ensuite à leur donner une signification physique en les confrontant aux résultats de l'expérience. Aussi loin que les formules sont en accord avec l'expérience, il souligne cet accord avec la plus grande emphase, et fait comme si les résultats de l'expérience avaient été établis et avaient gagné une importance scientifique uniquement par la vertu de sa théorie. S'il existe des résultats expérimentaux non couverts par la théorie, ou qui la contredisent, il met en doute leur validité, ou les considère comme si peu importants qu'il ne daigne pas les mentionner. Les physiciens dogmatiques, de plus, présentent les choses comme si leurs théories et formules couvraient l'intégralité des phénomènes qu'ils traitent ; ils ne voient alors plus d'autre problème dans ce champ, et pensée comme investigation sont ainsi figées dans leurs formules.

Le but de l'esprit pragmatique est la réalité, et son chemin vers ce but est l'observation adéquate et pleine d'attention ; le but de l'esprit dogmatique est la formule, et son chemin celui de la construction mathématique.

Pour l'esprit pragmatique, la recherche en physique est une évolution partant de ce qui a été établi et allant vers d'autres connaissances expérimentales ; pour lui, il n'y a pas de choses telles que la physique moderne ou la physique classique, mais seulement la physique. Pour l'esprit dogmatique, la physique est un champ pour son activité de logique formaliste orientée vers la révolution contre les principes existants, ou vers l'acceptation générale de ses théories, ou vers l'acceptation de sa nouvelle « vision du monde » (*Weltbild*). L'esprit pragmatique avance de manière continue vers de nouvelles découvertes et de nouvelles connaissances ; l'esprit dogmatique mène à l'invalidation de la recherche expérimentale, et à une littérature aussi verbeuse qu'infructueuse et rébarbative, de manière très similaire au dogmatisme du Moyen Âge, qui s'opposait à l'introduction d'une science de la nature pragmatique.

Les recherches de Lenard et de Rutherford nous présentent des exemples récents de l'esprit pragmatique en physique. Par ses investigations expérimentales sur les rayons cathodiques, Lenard a pavé le chemin vers la plus grande découverte des cinquante dernières années, celle de l'électron ; et, de plus, par l'effet photoélectrique, il a révélé par des mesures précises la relation entre l'électron et la lumière. Grâce à son sens intuitif de la réalité, et grâce à des expériences et des mesures convaincantes, Rutherford a établi notre connaissance de la transformation radioactive d'atomes chimiques et de leur structure nucléaire, connaissance qui n'aurait jamais pu être obtenue avec des méthodes dogmatiques. Les théories de la relativité d'Einstein, qui sont fondées sur une définition arbitraire des coordonnées d'espace et de temps, constituent tout aussi bien un exemple évident de produit de l'esprit dogmatique. Un autre exemple en est donné par la théorie de mécanique ondulatoire de Schrödinger. Par une incroyable prouesse faisant intervenir des acrobaties physico-mathématiques, il obtient son résultat final sous forme d'une équation différentielle. Il se demande ensuite quel type de signification physique pourrait avoir la fonction qui apparaît dans son équation ; à cette fin, il émet une suggestion, selon laquelle l'électron serait arbitrairement diffusé dans une large région autour de l'atome. De manière caractéristique, d'autres physiciens dogmatiques (Born, Jordan, Heisenberg, Sommerfeld) donnent de l'équation de Schrödinger une autre signification dogmatique, contrairement aux lois fondamentales de l'expérience. Ils font danser l'électron autour de l'atome de manière irrégulière, et lui permettent d'agir vis-à-vis de l'extérieur comme s'il était simultanément présent à chaque point autour de l'atome, avec une charge électrique correspondant à la durée probabiliste de sa présence à chaque point.

Il y a encore une importante différence entre le pragmatique et le dogmatique en physique, qui est à mettre en relation avec les caractères correspondants. Le physicien d'esprit pragmatique ne mène pas de propagande pour ses résultats afin d'obtenir autorité et influence ; il trouve son épanouissement en améliorant l'état de connaissances, se fie à la reconnaissance à venir des experts, et se satisfait de permettre ainsi l'obtention de résultats ultérieurs. Combien différents sont les protagonistes de l'esprit dogmatique ! Ils n'attendent même pas cinq ans pour voir si leurs théories révolutionnaires à la mode se révèlent erronées à la lumière de l'expérience. Au contraire, presque avant qu'elles aient été publiées, un flot de propagande démarre dans les revues et les journaux, paraissent des livres et s'organisent des conférences, si possible tout autour du monde. À ma connaissance, Rutherford n'a jamais entrepris de tournée de conférences pour faire connaître les résultats de sa recherche. Je sais que Lenard déteste parler de ses recherches devant un large public, et qu'il n'a pris part que deux fois à l'Assemblée des chercheurs allemands. D'un autre côté, les physiciens les plus anciens se rappelleront sans doute avec quelle insistance la propagande des théories de la relativité d'Einstein s'est faite dans le monde entier vers un large public. Cela n'a pas été aussi loin avec les plus récentes théories dogmatiques qui ont été lancées sous des noms tels que théorie des quanta, mécanique quantique, etc. ; néanmoins, au nom de leur propagande, d'innombrables conférences ont été tenues de par le monde, et de nombreux livres sont parus à leur sujet.

Pour autant que le but de la physique est l'investigation des corps et des lois de la réalité de la Nature, seule l'attitude pragmatique de l'homme de science est qualifiée pour l'aborder, et légitime à le faire. Que l'esprit dogmatique ne se confine pas lui-même dans la théologie et la sociologie, mais choisit aussi la physique comme arène de sa gymnastique intellectuelle, peut être toléré dans la mesure où la recherche physique de l'école pragmatique n'en souffre pas. Mais depuis environ trente ans, cette condition n'a pas été remplie, à tout le moins en Allemagne, où pendant cette période les représentants de l'esprit dogmatique ont acquis une influence dominante. Par leur action commune, et leurs liens avec de précédents ministres, ils ont pu obtenir de nombreuses chaires en physique, et surtout en physique théorique. En conséquence, et à cause de la propagande animée pour les théories dogmatiques modernes, la jeunesse universitaire a été principalement éduquée dans l'idéal scientifique de l'esprit dogmatique. Ce ne sont pas Lenard ou Rutherford, mais Einstein et ses imitateurs dogmatiques qui leur ont été présentés comme modèles de la pensée et du travail scientifiques. Je me suis engagé dans la lutte contre l'esprit dogmatique en Allemagne, car j'ai été amené à observer de manière répétée son effet dévastateur sur le développement de la recherche en physique dans ce pays. Dans ce conflit, j'ai aussi dirigé mes efforts contre l'influence dommageable des Juifs dans la science allemande, car je les considère comme les premiers représentants et diffuseurs de l'esprit dogmatique.

Cette référence m'amène aux aspects nationaux de la mentalité des hommes de science. Il peut être tiré de l'histoire de la physique que les fondateurs de la recherche en physique, les grands découvreurs depuis Galilée et Newton jusqu'aux pionniers de notre temps, étaient presque tous aryens, et de manière prédominante de race nordique. De cela, nous pouvons conclure que la prédisposition à l'esprit pragmatique ressort principalement aux hommes de race nordique. Si nous examinons les créateurs, représentants et diffuseurs des théories dogmatiques modernes, nous trouvons parmi eux de manière prépondérante des hommes d'origine juive. Si nous avons présent à l'esprit, en outre, que les Juifs ont joué un rôle décisif dans la fondation du dogmatisme théologique, et que les auteurs et les propagandistes des dogmes marxiste et communiste étaient pour la plupart des Juifs, nous devons établir et reconnaître le fait que l'inclination naturelle à la pensée dogmatique apparaît avec une fréquence accrue chez les personnes d'origine juive.

En établissant ces faits, je ne prétends bien sûr pas qu'il n'y a aucun homme de science aryen engagé activement dans la science dogmatique ; de même que je ne prétends pas qu'il n'y ait pas de Juifs capables de produire un travail expérimental valable sur la base d'un esprit pragmatique. Je souhaite seulement faire un constat sur la fréquence d'apparition de la tendance naturelle à l'esprit dogmatique ou à l'esprit pragmatique. Il doit aussi être pris en considération que, par entraînement et pratique, des Aryens peuvent s'habituer au dogmatisme, et des Juifs au pragmatisme. Je reconnais l'accomplissement scientifique comme indépendant de la nationalité du découvreur, et je combats l'influence nuisible de l'esprit dogmatique en physique à chaque fois que je le rencontre dans mes travaux, qu'il émane d'un Juif ou non. En outre, je me suis engagé dans ce combat non pas en 1933, mais dès 1922, lorsque j'ai dénoncé en termes les plus vifs le formalisme et le dogmatisme dans la physique allemande, dans une de mes publications titrées « La crise actuelle de la physique allemande ».

(Suit sur la même page de *Nature,* et avec la même présentation, un article scientifique titré *Problems in the Oceanography of the North Atlantic,* By C. O'D. Iselin, Woods Hole Oceanographic Institution, Woods Hole, Mass.)

(traduit de l'anglais A.M.)

Les « affaires Allais », 1956-1960, 2000-2005

Tout commence en octobre 1956, Maurice Allais téléphone à l'Académie des sciences pour publier six notes aux Comptes rendus de l'Académie ; n'étant pas académicien, il invoque le fait qu'il est titulaire de deux prix, le prix Laplace 1935 de l'Académie des sciences et le prix Charles Dupin de l'Académie des sciences morales et politiques. Une main inconnue inscrit sur le dossier de l'Académie la mystérieuse mention : « non pour le prix SM, mais oui à cause de Laplace ». Ceci signifie qu'il n'était pas envisageable qu'il fasse une communication à l'Académie des sciences parce qu'il avait un prix de l'académie voisine, mais le fait que vingt-cinq ans auparavant il était sorti major de l'X lui en donnait la faculté[1]...

De la même manière qu'il bénéficiait du soutien d'un certain nombre de personnes pour mener ses expériences, Allais est soutenu par quelques académiciens pour la parution de ses notes aux Comptes rendus, dont Albert Caquot (1881-1976, X 1899), ingénieur général des Ponts et Chaussées, académicien depuis 1934, spécialiste du béton armé. C'est une série de quatre notes, présentées selon la tradition par un membre de l'Académie (Caquot) que Maurice Allais fait paraître entre novembre et décembre 1957 aux Comptes rendus de l'Académie des sciences, sur les expériences du pendule paraconique.

*
* *

---

1. Le prix Laplace est accordé chaque année par l'Académie des sciences au major de l'École polytechnique.

Les jugements de ses collègues académiciens, ou d'autres, seront très sévères sur la méthodologie et les résultats d'Allais, et sur une certaine propension de sa part à utiliser la presse pour servir ses théories. Jean Goguel (1908-1987, X 1926), ingénieur général des Mines, physicien et géologue de renom, répond dans une note à l'Académie en laissant entendre que l'étude des comportements élastique et thermique du bâtiment lui-même est primordiale avant toute conclusion. Henri Villat (1879-1972, ENS 1899), académicien depuis 1932, premier président de la Société mathématique de France en 1939, demande à Allais de faire d'abord la théorie mécanique de son pendule, c'est-à-dire l'étude des liaisons et des réactions en tous les points de contact :

> « Il est certain que votre appareil est compliqué, et que sa théorie[1], dont il n'existe actuellement aucune ligne écrite, sera fort difficile. Les anomalies, ou ce que vous considérez comme des anomalies, s'expliqueront le plus simplement du monde une fois que vous aurez fait les calculs nécessaires. »

Une belle analyse sera faite par Pierre Tardi (1897-1972), académicien depuis 1956, président de l'Académie en 1970, membre du comité de parrainage de la Fondation de Broglie en 1972, dans une lettre qu'il adresse à Allais le 2 mai 1957, après une visite faite dans les laboratoires prêtés à Allais par l'Institut de Recherches Sidérurgiques (IRSID). Sa visite avait lieu dans le cadre de l'instruction par l'Académie des projets de notes d'Allais, proposés fin 1956 et qui paraîtront fin 1957.

> « Le centre de gravité de votre pendule est bien à 1 m 50 au-dessous de la surface du sol naturel, mais son support est rendu solidaire de la charpente des étages supérieurs. »

> « Il va tourner mais avec des discontinuités car les conditions d'insolation du bâtiment ne sont pas symétriques au cours d'une journée, il va tourner autour d'une direction moyenne. Et, dans ce dispositif que vous avez réalisé, cette direction coïncide avec celle des grosses poutres d'acier auxquelles l'ensemble est suspendu, poutres qui assurent

---

1. Nous avons vu dans le corps de l'ouvrage l'aversion viscérale et constante d'Allais pour toute espèce de théorie. De fait, lui-même ne formule pas de théorie du mouvement de son pendule paraconique supposé remettre en cause la gravitation, ni de théorie alternative à la relativité générale pour expliquer les prétendues régularités des observations de Miller.

au système, malgré tout, une rigidité plus grande dans une direction préférentielle. »

« Permettez-moi de vous dire, cher Monsieur, que, dans un mémoire scientifique, une simple affirmation ne suffit pas. »

Tardi rappelle un certain nombre d'expériences pendulaires analogues, Éblé de 1912 à 1915 à l'Observatoire de Paris, avec une longueur de pendule équivalente à 1 150 mètres, Hecker à l'Institut géodésique de Postdam en 1902, et une expérience de l'Institut de physique du globe en 1931 avec un séismographe d'une tonne :

« Nous sommes loin, comme vous voyez, de votre pendule para-conique, rendu solidaire d'un bâtiment en béton armé avec forte armature métallique. »

Éblé constata que l'influence thermique sur le support de son pendule restait cinquante fois supérieure au phénomène qu'il se proposait d'étudier. Tardi rappelle – en géodésien – qu'il a vu de nombreuses fois les bulles de ses niveaux et les plans de ses instruments brusquement tourner pour des raisons diverses et variées... et que tout pendule doit être totalement isolé avant qu'on tire une quelconque conclusion de ce type de phénomènes.

Louis de Broglie (1892-1987, prix Nobel 1929), secrétaire perpétuel de l'Académie, sera lui aussi très réservé sur les expériences d'Allais ; l'Académie étant saisie par le CNRS sur une demande de subvention d'Allais, de Broglie répond sans ambiguïté au nom de l'Académie le 12 juillet 1957 :

« Les méthodes employées par l'auteur soulevaient des critiques telles qu'on ne pouvait pas accorder confiance aux résultats annoncés. [...] Il paraîtrait vraisemblable que M. Allais n'ait pas apporté dans ses expériences un esprit critique suffisant et qu'il n'ait pas tenu compte de certaines circonstances qui peuvent expliquer les anomalies constatées sans pour cela recourir à des théories en contradiction avec les principes admis de la mécanique. »

*
* *

Une première campagne médiatique d'Allais a lieu début 1958, avec un colloque organisé par le « Cercle Alexandre Dufour » le 2 février 1958 à l'amphithéâtre Poincaré de l'École polytechnique, intitulé *Faut-il reconsidérer les lois de la gravitation ?*, *conférence du professeur Maurice Allais*. À la suite de cette conférence, une série d'articles assez fumeux paraissent dans *Le Figaro littéraire*, *Le Monde* et *Paris-Match* (7 mai 1958). L'Académie des sciences, qui avait finalement accepté sous l'influence de Caquot les quatre communications en fin d'année précédente, est utilisée par Allais pour renforcer la crédibilité de ses travaux. Henri Villat exprimera clairement le sentiment que l'Académie avait été piégée :

> « Nous n'avions pas tort de nous opposer autant que nous avons pu à l'insertion de ces insanités [...] des tentatives ayant pour but de nous faire avaler quelques monumentales absurdités. »

Dans une lettre de protestation à *Paris-Match* du 15 mai 1958, Allais se défend de remettre en cause la physique de Newton, ce qu'interprétait pourtant correctement le journaliste puisque Allais confirme que la théorie de la gravitation universelle de Newton n'est « vérifiée qu'à quelques millionièmes près ». Il enjoint le directeur de *Paris-Match* de publier *intégralement* sa lettre, « à la même place et dans les mêmes caractères que l'article incriminé ». Le 25 janvier 1960, la commission des publications de l'Académie des sciences finit par voter une résolution recommandant « à l'unanimité aux secrétaires perpétuels de ne plus accepter les notes de M. Maurice Allais sur le pendule paraconique ».

*
* *

Et pourtant... Quarante ans plus tard, à partir de 1997, et surtout avant l'Année mondiale de la physique, en 2003, ce fut la « répétition du numéro », comme l'on dit au casino. Sur le fond, l'angle d'attaque avait changé, puisque c'était la relativité qui était cette fois en ligne de mire comme « vérité établie ». Mais sur la forme, la même méthode est utilisée en tout point : notes à l'Académie des sciences, « grand » colloque organisé le 22 mai 2006 par un cercle ami dans le *même* amphithéâtre Poincaré de l'École polytechnique devenue entre-temps ministère de la Recherche, lettres aux journaux, avec moins de succès que dans les années 1950 pour ce dernier point.

Il y eut aussi à cette période plusieurs séances houleuses du conseil d'administration des anciens élèves de l'École polytechnique, suite à la parution d'un article d'Allais dans le journal de cette association en octobre 2003. Ayant dans ses statuts le développement du rayonnement scientifique de l'École, dont la devise est « *Pour la patrie, les sciences et la gloire* », l'association s'est alors comportée comme un ventre mou sur le sujet. Un certain nombre d'administrateurs, dont je faisais partie, estimait la parution de l'article d'Allais non conforme à cet objectif de l'association : nous avions alors dû invoquer une clause des statuts, permettant de forcer le président de l'association à mettre ce sujet à l'ordre du jour du Conseil. Pierre-Henri Gourgeon (X 1965), président de l'association, avait en effet, de son côté, cru bon de comparer Allais à un possible Galilée incompris en physique. À l'époque, j'étais conseiller au cabinet de la ministre de la Recherche, et Allais, en représailles, avait écrit une lettre recommandée à cette dernière pour lui demander de me renvoyer de son cabinet... De fait, les lettres recommandées avec accusé de réception sont un moyen de communication assez courant chez Allais : j'en reçus une (sans doute suivant un modèle adressé à plusieurs personnes) qui m'indiquait que si je ne répondais pas à l'argumentation antirelativiste de sa documentation (bibliographie [2e]), il considérait que j'étais d'accord avec ses thèses.

*
* *

L'année 2005 voit aussi la création de l'AIRAMA (Alliance internationale pour la reconnaissance des apports de Maurice Allais en physique et en économie) par un certain nombre d'anciens polytechniciens réunis autour d'Allais. Elle est présidée par Jean-Pierre Bouyssonie (X 1939), ancien président de Thomson, ancien président de l'Association des anciens élèves de Polytechnique ; on trouve dans son conseil Philippe Bourcier de Carbon (X 1961, chercheur à l'Institut national d'études démographiques), qui a des thèses sur la démographie et la population proches de celles de l'extrême droite, comme l'a relevé un autre démographe[1]. Un des objectifs de cette association est l'abolition de l'anonymat des relecteurs/validateurs (en anglais *referees*) dans les revues scientifiques.

A.M.

---

1. Les proximités d'idées entre le groupe de réflexion d'anciens polytechniciens X-Démographie (dont Bourcier de Carbon) et l'extrême droite ont été mises en lumière par le démographe Hervé Le Bras (X 1963) *in* la revue *Passages* (n° 80, 1996), et dans son livre *Le Démon des origines*, Éditions de l'Aube, 1998.

Bibliographie

France/sources primaires

[1] Pierre-Jean ACHALME (Dr.), *La Science des civilisés et la Science allemande*, Payot, 1916.

[2] Maurice ALLAIS

    a. *Autoportraits, une vie, une œuvre*, Montchrestien, 1989.

    b. *L'Anisotropie de l'espace, les données de l'expérience, la nécessaire révision de certains postulats des théories contemporaines*, Clément Juglar, 1997.

    c. *La Passion de la recherche. Autoportraits d'un autodidacte*, Clément Juglar, 2001.

    d. Dossier de correspondance Maurice Allais, Archives de l'Académie des sciences.

    e. *Memorandum* sur le thème général du colloque du 22 mai 2006, *La Non-Validité d'après Einstein de la théorie de la relativité au regard de la validité des observations interférométriques de 1925-1926 de Dayton C. Miller.*

[3] Henri BERGSON,

    a. *Durée et Simultanéité*, Gauthier-Villars, Paris, 1922.

    b. Interventions à la réunion du 6 avril 1922, *Bulletin de la Société française de philosophie*, 22, 1922, p. 102-107.

[4] Daniel BERTHELOT, *Physique et métaphysique des théories d'Einstein*, Payot, 1924.

[5] Henri BOUASSE,

    a. *La Question préalable contre la théorie d'Einstein*, Albert Blanchard, 1923.

    b. *Houle, Rides, Seiches et Marées*, Delagrave, 1924.

[6] Emmanuel CARVALLO, *La Théorie d'Einstein démentie par l'expérience*, Chiron, 1934.

[7] Christian CORNELISSEN, *Les Hallucinations des einsteiniens ou les Erreurs de méthode chez les physiciens-mathématiciens*, Albert Blanchard, 1926.

[8] Charles-Florent CORPS, commandant puis lieutenant-colonel.

    a. *Étude sur le « bordereau », mémoire adressé par le commandant Corps à la Chambre criminelle de la Cour de cassation le 25 décembre 1903*, Versailles, Impr. Lebon.

    b. *La Signature du bordereau, réponse du commandant Corps au mémoire de Gabriel Monod* suivi de *Une pensée de l'ex-capitaine Dreyfus*, Versailles, Impr. Lebon, non daté.

    c. *Les Théories de la relativité dépassent les données de l'expérience*, Gauthier-Villars 1923.

    d. *Le Camouflage de la simultanéité, base unique des théories de la relativité*, Impr. Lucien, 1924.

[9] Pierre DUHEM,

    a. « Quelques réflexions sur la science allemande », *Revue des Deux Mondes*, T25, 1er février 1915, p. 657-686.

    b. *La Science allemande*, Librairie A. Hermann, 1915.

[10] Albert EINSTEIN,

    a. « Sur l'électrodynamique des corps en mouvement » (*Annalen der Physik*, juin 1905), « L'inertie d'un corps dépend-elle de sa capacité d'énergie ? » (*Annalen der Physik*, septembre 1905), Gauthier-Villars, 1925, réimpression Éditions Jacques Gabay, 2005.

    b. *Correspondances françaises*, lettres choisies et présentées par Michel Biezunski, Seuil, « Sources du Savoir » et Éditions du CNRS, 1989.

    c. Dossier Albert Einstein, Archives de l'Académie des sciences.

[11] Urbain GOHIER, *Mon jubilé*, 1934 ; réédition Déterna, 1999.

[12] Édouard GUILLAUME, « Sur la possibilité de ramener la théorie de la relativité restreinte au temps universel », *Comptes rendus de la Société suisse de physique*, 1917.

[13] Gustave LE BON

    a. *L'Évolution de la matière*, Flammarion, 1905.

    b. « La science indépendante en France », *Revue politique et littéraire*, 16 avril 1921.

[14] Léon LECORNU, « Quelques remarques sur la relativité », *Comptes rendus de l'Académie des sciences*, 174, 1922 (février), p. 337-342.

[15] Jacques MARITAIN,

    a. « De la métaphysique dans la physique », *Revue universelle*, 10, 1922, p. 426-445.

    b. « Nouveaux débats einsteiniens », *Revue universelle*, 17, avril 1923, p. 56-77.

    c. *Théonas ou les entretiens d'un sage et de deux philosophes sur diverses matières inégalement actuelles*, Nouvelle Librairie Nationale, 2e édition, 1925.

[16] Abbé Théophile MOREUX, *Pour comprendre Einstein !*, Doin, 1922.

[17] Paul PAINLEVÉ, *Comptes rendus de l'Académie des sciences* :

    a. Séance du lundi 24 octobre 1921, « La mécanique classique et la théorie de la relativité », p. 677-680.

    b. Séance du lundi 14 novembre 1921, « La gravitation dans la Mécanique de Newton et dans la Mécanique d'Einstein », p. 873-887.

    c. Séance du lundi 1er mai 1922, « La théorie classique et la théorie einsteinienne de la gravitation », p. 1137-1143.

[18] Gabriel PETIT et Maurice LEUDET, *Les Allemands et la Science*, Alcan, 1916.

[19] Émile PICARD,

    a. *L'Histoire des sciences et les prétentions de la science allemande (Pour la Vérité, 1914-1915, Études publiées sous le patronage des secrétaires perpétuels des cinq académies)*, Perrin, 1916.

    b. « Quelques remarques sur la théorie de la relativité », *Comptes rendus de l'Académie des sciences*, 173, 1921, p. 680-682.

    c. *La Théorie de la relativité et ses applications à l'astronomie*, Gauthier-Villars, 1922.

[20] Charles RICHET, *Comptes rendus de l'Académie des sciences* :

    a. Séance du 7 novembre 1921, « Une illusion optique dans l'appréciation de la vitesse », p. 805-806.

    b. Séance du 19 décembre 1921, « L'unité psychologique du temps », p. 1313-1317.

[21] Louis ROUGIER,

    a. *Scandale à Polytechnique*, Imprimerie des Tuileries, juillet 1959.

    b. *Le Bilan du gaullisme*, L'Harmattan, 1946.

France/sources secondaires

[22] Bernadette BENSAUDE-VINCENT, *Langevin, science et vigilance*, Belin, 1987.

[23] Michel BIEZUNSKI,

    a. « Einstein à Paris », *La Recherche*, 132, avril 1982.

    b. *Einstein à Paris*, Presses Universitaires de Vincennes, 1991.

[24] Louis DE BROGLIE, *La Vie et l'Œuvre de M. Émile Picard*, lecture faite dans la séance publique du 21 décembre 1942 de l'Académie des sciences.

[25] Philippe de la COTARDIÈRE, Patrick FUENTES, *Camille Flammarion*, Flammarion, 1994.

[26] Jean DUBESSY et Guillaume LECOINTRE (dir.), *Intrusions spiritualistes et impostures intellectuelles en sciences*, Syllepse, 2003.

[27] Charles FERT, *Hommage à Henri Bouasse*, Annales de la faculté des sciences de Toulouse, 4e série, 1954 *(disponible sur www.numdam.org)*.

[28] Claudine FONTANON et Robert FRANK (dir.), *Paul Painlevé, un savant en politique*, Presses Universitaires de Rennes, 2006.

[29] Angelo GENOVESI, *Il carteggio tra Albert Einstein ed Edouard Guillaume, « Tempo universale » e teoria della relatività ristretta nella filosofia francese contemporanea*, Franco Angeli, 2000.

[30] Jean-Marc LÉVY-LEBLOND, « Idée de relativité », *Science et avenir*, décembre 1999.

[31] Georges LOCHAK, « Finalement, qui a découvert la Relativité ? Einstein ou Poincaré ? Einstein bien sûr et personne d'autre ! », *Annales de la Fondation Louis de Broglie* (disponibles sur Internet), 2005 ; reprise de *Revue de l'électricité et de l'électronique*, numéro 5, mai 2005.

[32] Benoît MARPEAU, *Gustave Le Bon, parcours d'un intellectuel (1841-1931)*, CNRS Éditions, 2000.

[33] André METZ, *Les Nouvelles Théories scientifiques et leurs adversaires*, Préface de Jean Becquerel, Chiron, 1926.

[34] Michel PATY, « Pensée rationnelle et création scientifique chez Poincaré », Colloque Henri Poincaré « Science et Pensée », École des Mines, Sophia Antipolis, 17 janvier 2005 (en ligne sur les archives ouvertes CNRS/HAL).

[35] Dominique PESTRE, *Physique et physiciens en France, 1918-1940*, Éditions des archives contemporaines (Montreux), 1984.

[36] Pierre-André TAGUIEFF, *La Foire aux illuminés, Ésotérisme, Théorie du complot, extrémisme*, Mille et Une Nuits, 2005.

[37] Revue *Les Temps maudits*, « Revue syndicaliste révolutionnaire et anarcho-syndicale éditée par la Confédération nationale du travail », n° 5, mai 1999.

Allemagne/sources primaires

[38] Gottfried ANGER, James WESLEY, Hans KAEGELMANN (ouvrage collectif), *Die relativitätsthorie fällt, Was von moderner Physik bleibt und fällt*, Verlag Kritische Wissenschaft, Windeck, 2005 (y compris la réédition de *Hundert autoren gegen Einstein*, 1931).

[39] Albert EINSTEIN,
   a. *Collected papers of Albert Einstein. The Berlin Years, 1918-1921*, volume 7, Princeton University Press, 2002.
   b. *Œuvres choisies. Relativités II*, volume 3, dir. Françoise Balibar, Seuil-CNRS, 1993.

[40] Ernst GEHRCKE, *Die Massensuggestion der Relativitätstheorie*, Verlag von Hermann Meusser, Berlin, 1924 (ce livre peut aussi être trouvé et photocopié au fonds Reuterdahl, bibliographie [59], côte 6-5).

[41] Friedrich HASENÖHRL, « Zur Theorie der Strahlung in bewegten Körpern », *Annalen der Physik*, 15, 344, juillet 1904.

[42] Werner HEISENBERG,
   a. *Philosophie*, manuscrit de 1942, publié en France sous la direction de Catherine Chevalley, Seuil, « Science ouverte », 1998.

b. « À propos de l'article : "Physique allemande et physique juive" », Völkischer Beobachter, édition du 28 février 1936.

c. « Die Bewertung der modernen theoretischen Physik », *Zeitschrift für gesamte Naturwissenchaft*, 9, 1943.

[43] Dr. Hans ISRAEL, Dr. Erich RUCKHABER, Dr. Rudolf WEINMANN, *100 Autoren gegen Einstein*, R. Voigtländer (Leipzig), 1931 (ce livre peut aussi être trouvé et photocopié au fonds *Reuterdahl*, bibliographie [59], côte 2-06) (ce livre peut aussi être trouvé dans bibliographie [38] ci-dessus).

[44] Emanuel LASKER, *Die Kultur in Gefahr*, Siedentop (Berlin), 1928.

[45] Max VON LAUE, Discours d'ouverture de la conférence de physique de Würzburg, 18 septembre 1933, *Physikalische Zeitschrift*, 34, décembre 1933.

[46] Philip LENARD,

a. *Über Äther und Uräther, seconde édition*, Une adresse aux chercheurs allemands (Heidelberg, juillet 1922).

b. *Große Naturforscher : Eine Geschichte der Naturforschung in Lebensbeschreibungen*, Ed. Lehmann (Munich), 1929.

c. « Ein großer Tag für die Naturforschung », *Völkischer Beobachter*, 13 mai 1933.

d. *Deutsche Physik*, 4 volumes, Munich 1936-1937. Préface (Heidelberg, août 1935), préface à la seconde édition (Heidelberg, décembre 1937).

[47] G.O. MUELLER, *Über die absolute Größe der Speziellen Relativitätstheorie, Ein dokumentarisches Gedankenexpriment über 95 Jahre Kritik (1908-2003) mit Nachweis von 3789 Kritischen Arbeiten*, juin 2004, en ligne sur le site d'Ekkehard Friebe, http://www.ekkehard-friebe.de/kap0.pdf jusqu'à kap8.pdf.

[48] Johannes STARK,

a. *Die gegenwärtige Krisis in der deutschen Physik*, Bath (Leipzig), 1922.

b. « The Attitude of German Government towards Science », Lettre au magazine, *Nature*, 21 avril 1934, p. 614.

c. « Philip Lenard als deutscher Naturforscher », Discours pour l'inauguration de l'Institut Lenard à Heidelberg le 13 décembre 1935, *Nationalsozialistische Monatshefte*, 7e année, cahier 71, février 1936 (document disponible à la Bibliothèque Cujas-Paris-I).

d. « The Pragmatic and the Dogmatic Spirit in Physics », *Nature*, 30 avril 1938, vol. 141, p. 770-772 (voir Annexe 4).

e. *Erinnerungen eines deutschen Naturforschers*, écrit en 1947, publié sous la direction d'Andreas Kleinert, Mannheim, 1987 (ouvrage disponible à la Bibliothèque Jussieu-Paris-VI).

[49] Bruno THÜRING,

a. « La nature suppose une prédisposition d'esprit », *Deutsche Mathematik*, 1, 1936.

b. « Albert Einsteins Umsturzversuch der Physik und seine inneren Möglichkeiten und Ursachen », *Forschungen zur Judenfrage, Reichsinstitut für*

Geschichte des neuen Deutschlands, Berlin, Dr. Lüttke, 1941 (document disponible à la Bibliothèque de l'Observatoire de Paris).

Allemagne/sources secondaires

[50] Alan D. BEYERCHEN, *Scientists under Hitler*, Yale University Press, 1977.

[51] Hubert GÖNNER,
   a. « The reaction to Relativity Theory I : The Anti-Einstein campaign in Germany in 1920 », *Science in Context*, 6, 1993, p. 107-133.
   b. « The reaction to Relativity Theory III : A Hundred authors against Einstein », *Einstein Studies*, vol. 5, 1993, Birkhäuser Boston, p. 248-273.

[52] Klaus HENTSCHEL,
   a. *Interpretationen und Fehlinterpretationen der speziellen und der allgemeinen Realtivitätstheorie durch Zeitgenossen Albert Einsteins*, Birkhäuser (Bâle), 1990.
   b. *Physics and national socialism : an anthology of primary sources*, Birkhäuser (Bâle), 1996.

[53] Andreas KLEINERT,
   a. « Nationalistische und antisemitische Ressentiments von Wissenschaftlern gegen Einstein », *Lecture Notes in Physics*, vol. 100, 1979, p. 501-516.
   b. « Lenard, Stark und die Kaiser-Wilhelm Gesellschaft », *Physikalische Blätter*, vol. 36, 1980, p. 35-43.
   c. « La correspondance entre P. Lenard et J. Stark », *La Science sous le IIIe Reich*, sous la direction de Josiane OLFF-NATHAN, Seuil, 1993.
   d. « Paul Weyland, der Berliner Einstein-Töter », *Naturwissenschaft und Technik in der Geschichte, 25 Jahre Lehrstuhl für Geschichte der Naturwissenschaft und Technik am historischen Institut der Universität Stuttgart*, éditions H. Albrecht (Stuttgart), 1993.

[54] George L. MOSSE, *Nazi Culture : Intellectual, Cultural and Social Life in the Third Reich*, New York, 1966 ; réédition University of Wisconsin, 2003.

[55] Christian SCHLATTER, « Philippe Lenard et la physique aryenne », soutenance de projet « Science, technique et société », École polytechnique fédérale de Lausanne, 4e année, juin 2002.

[56] Charlotte SCHÖNBECK, *300 Jahre Physik an der Universität Kiels*, Kiel, 1965.

[57] Milena WAZECK,
   a. « Einstein in the daily press, a glimpse into the Gehrcke papers », *Max Planck Institut für Wissenschaftgeschichte*, preprint du volume 11, *Einstein Studies Series* (5e et 6e conférences sur l'histoire de la relativité générale tenues respectivement à Notre Dame University en 1999 et à Amsterdam en 2002).
   b. « Wer waren Einsteins Gegner ? », *Aus Politik und Zeitgeschichte, Beilage zur Wochenzeitung Das Parlament*, BPB Bundeszentrale für politische Bildung (Bonn), 20 juin 2005.

Sources primaires (international)

[58] Lyndon LaRouche Jr., *En défense du sens commun, ou comment s'affranchir de la pensée logico-déductive*, Les Bouquins Fusion, Éditions Vernadski ; texte originel écrit en 1989 selon l'avertissement ; édition française, mai 2005.

[59] Arvid Reuterdahl Papers, Bibliothèque de l'Université Saint-Thomas-Saint-Paul (Minnesota), inventaire du fonds à :
http://www.stthomas.edu/libraries/special/Archives/RS_div/inventories/reuter-dahl.html

Sources secondaires (international)

[60] Lewis S. Feuer, *Einstein et le conflit des générations*, 1974 ; Éditions Complexe, 1977 et 2005 pour la traduction française, préface de Serge Moscovici.

[61] Fred Jerome, *Einstein, un traître pour le FBI. Les secrets d'un conflit*, St-Martin Griffins Edition, (New York), 2003, traduction française Éditions Frison-Roche, 2005, préface de Françoise Balibar.

Théories de la relativité/livres et articles

[62] Olivier Costa de Beauregard, *La Notion de temps, équivalence avec l'espace*, Vrin, 2e édition 1983 (la maison Vrin devrait se préoccuper de rééditer ce livre, difficile à trouver).

[63] Thibault Damour
  a. *Si Einstein m'était conté*, Le Cherche-Midi, 2005.
  b. « Einstein et la physique du XXe siècle », février 2005, sur le site de l'Académie des sciences, page d'hommage à Einstein.
  c. « Relativité générale », livre collectif Michèle Leduc et Michel Le Bellac (dir.), *Einstein aujourd'hui*, CNRS Éditions-EDP Sciences, 2005.
  d. « Experimental tests of gravitational theory », *Review of Particle Physics*, août 2005, http://pdg.lbl.gov/2005/reviews/gravrpp.pdf

[64] Jean Eisenstaedt,
  a. *Einstein et la relativité, les chemins de l'espace-temps*, CNRS Éditions, 2002.
  b. *Avant Einstein. Relativité, lumière, gravitation*, Seuil, « Science ouverte », 2005.

[65] Jean-Julien Fleck, « Précession du périhélie de Mercure », travail d'initiative personnelle encadré, 2000, http://www.eleves.ens.fr/home/jfleck/TIPE/

[66] Marie-Antoinette Tonnelat, *Histoire du principe de relativité*, Flammarion, « Nouvelle Bibliothèque scientifique », 1971.

[67] Clifford Will, « The Confrontation between General Relativity and Experiment », *Living reviews in relativity*, http://relativity.livingreviews.org/Articles/lrr-2006-3/

Einstein, l'homme/livres de référence

[68] Albert EINSTEIN, *Comment je vois le monde*, Ernest Flammarion, 1934.

[69] Philip FRANK, *Einstein, sa vie, son temps*, A. Knopf (New York), 1947 ; traduction française Albin Michel, 1950 ; Champs Flammarion, 1991.

[70] A. P. FRENCH (dir.), *Einstein. Le livre du centenaire*, Heinemann (Londres), 1979 ; trad. française G. Delacôte et J. Souchon-Royer, Éditions Hier et Demain, 1979.

[71] Banesh HOFFMANN, *Albert Einstein, créateur et rebelle*, Viking Press (New York), 1972 ; traduction française Points Seuil, 1975.

[72] Abraham PAIS, *Einstein lived here*, Clarendon Press (Oxford), 1994.

Index des principaux noms cités
(par ordre chronologique)

Svante ARRHENIUS (1859-1927), physicien et chimiste suédois, prix Nobel de chimie 1903.

Alfred DREYFUS (1859-1935, X 1878), officier français.

Gaston MOCH (1859-1935), ancien élève de l'École polytechnique (X 1878), officier, auteur de livres et d'articles de vulgarisation sur la relativité ; père de Jules Moch (1893-1985), lui aussi ancien élève de l'École polytechnique (X 1912), homme politique et ministre du Front populaire et de la IVᵉ République.

Henri BERGSON (1859-1941), philosophe français.

Otto LUMMER (1860-1925), physicien expérimental allemand (optique), créateur avec Gehrcke de la lame interférométrique de Lummer-Gehrcke.

Pierre DUHEM (1861-1916), physicien, chimiste et philosophe des sciences français.

Charles-Édouard GUILLAUME (1861-1938), physicien français d'origine suisse, directeur du Bureau des poids et mesures de 1915 à 1936, prix Nobel de physique 1920.

Allvar GULLSTRAND (1862-1930), médecin et physicien suédois, prix Nobel de médecine 1911.

Philip LENARD (Bratislava, Autriche-Hongrie 1862-Messelhausen, Hesse 1947), physicien allemand, prix Nobel de physique 1905.

Auguste LUMIÈRE (1862-1954), inventeur du cinématographe en salles.

Alfred PÉROT (1863-1925, X 1882), physicien français, professeur à l'École polytechnique, inventeur de la lame de Fabry-Pérot.

Paul PAINLEVÉ (1863-1933), mathématicien et homme politique français.

Henry FORD (Dearborn 1863-Dearborn 1947), industriel américain, Grand-Croix de l'Ordre de l'Aigle allemand (décoration nazie).

Jean LE ROUX (1863-1949), professeur de mathématiques à l'université de Rennes, grand prix de l'Académie des sciences, un des « Cent auteurs contre Einstein ».

Hermann MINKOWSKI (Lituanie 1864-Göttingen 1909), mathématicien allemand, concepteur de l'espace-temps de la relativité restreinte.

Wilhelm WIEN (1864-1928), physicien expérimental allemand, prix Nobel de physique 1911.

Christian CORNELISSEN (1864-1942), militant anarchiste français d'origine néerlandaise, économiste.

Daniel BERTHELOT (1865-1927), physicien à la faculté de pharmacie, fils de Marcellin Berthelot.

Ernst **GEHRCKE** (1878-1962), physicien expérimental allemand.

Albert **EINSTEIN** (Ulm, Allemagne 1879-Princeton, New Jersey 1955), physicien allemand, prix Nobel de physique 1921.

Max von **LAUE** (1879-1960), physicien allemand, prix Nobel de physique 1914.

Arthur **EDDINGTON** (1882-1944), astronome et astrophysicien anglais, mesure la déflexion de la lumière lors de l'éclipse de 1919.

Hans **GEIGER** (1882-1945), physicien expérimental allemand.

Jacques **MARITAIN** (1882-1973), philosophe français.

Édouard **GUILLAUME** (1883-1959), ingénieur suisse, correspondant d'Einstein.

Philipp **FRANK** (1884-1966), physicien allemand, successeur d'Einstein à l'Université de Prague (1913), auteur d'une biographie d'Einstein (1947).

Otto **STERN** (1888-1969), physicien allemand, prix Nobel de physique 1943.

Paul **WEYLAND** (1888-1972), activiste national-socialiste.

Louis **ROUGIER** (1889-1982), philosophe des sciences français, activiste politique après guerre.

André **METZ** (1891-1968, X 1910), auteur de livres sur la relativité.

Louis de **BROGLIE** (1892-1987), physicien français, prix Nobel de physique 1929, secrétaire perpétuel de l'Académie des sciences de 1942 à 1978.

Werner **HEISENBERG** (1901-1976), physicien allemand, prix Nobel de physique 1933.

Robert **OPPENHEIMER** (1904-1967), physicien nucléaire américain, père de la bombe atomique de Los Alamos.

Bruno **THÜRING** (1905-1989), physicien et astronome allemand.

Maurice **ALLAIS** (né en 1911), économiste français, prix Nobel d'économie 1988.

Lyndon **LaROUCHE** (né en 1922), polémiste et scientiste américain.

Remerciements

Je remercie Thibault Damour de l'aimable lecture qu'il a faite de mon manuscrit. Je suis très reconnaissant à Jean Eisenstaedt de m'avoir incité à me lancer dans une recherche personnelle.

Merci à Marie-Lys Wilwerth d'avoir participé à la traduction de textes allemands parfois rébarbatifs, sur la forme (lettres gothiques blanches sur fond noir) comme sur le fond.

Je remercie Jean-Louis Basdevant, Olivier Bosc, Catherine Dupuy et Véronica Lucaussy pour leurs suggestions, ainsi que Paul Maruani pour ses précisions avisées.

Merci enfin à tous les conservateurs « chefs de salle » et agents de « service au public » de la Bibliothèque nationale de France (site Tolbiac, site Richelieu), ainsi que celles ou ceux des différentes bibliothèques universitaires ou de recherche où j'ai pu consulter des documents (Bibliothèque « Physique-recherche » et « Histoire des Sciences-Sciences humaines » de Paris-VI-Jussieu, Bibliothèque Paris-I-Cujas, Bibliothèque de l'Observatoire de Paris). Avec une mention spéciale pour la gentillesse de Marie-Josèphe Mine aux archives de l'Académie des sciences.

Table

Mathématiciens, philosophes et mandarins

Flibustiers de la science et antisémites

XI

XII

XIII

Physique aryenne, régime nazi

XIV

XV

XVI

XVII

XVIII

Révisionnisme scientifique
et alterscience au XXIᵉ siècle

XIX

XX

Pour une diffusion des concepts relativistes

XXI

Annexes

Ouvrage publié sous la responsabilité
éditoriale de Gérard Jorland

Cet ouvrage a été transcodé et mis en pages
chez Nord Compo (Villeneuve-d'Ascq)